大是文化

組織的帕金森定律

洞悉公司裡的集體無能、推諉、拖延……現象，你該如何對抗與運用

U0020934

心理諮詢師、大眾心理學暢銷書作者
徐志晶 ——————— 著

Contents

第二章

團隊很大，效率很差？

第三章

武大郎式的領導困境

第四章

第五章

同事總是排斥你？

第六章

工作很忙進步很慢？

第七章

推薦序

管理者必備的實戰工具

創新管理實戰研究中心執行長／劉恭甫

這裡有十個題目，請逐一回答是與否，如果有超過七個「是」經常發生在你的公司或團隊身上，這代表問題可能相當嚴重了。

1. 員工數量增加，工作成效不升反降？
2. 決策過程中，大家總是互相推諉？
3. 公司常在小事上糾結，擱置大計畫？
4. 當公司規模擴大，效率反而倒退？
5. 晉升過程中，能力平庸的員工總是脫穎而出？

6. 與其花錢提升工作效能，老闆寧可將錢花在設計豪華辦公大樓上？
7. 高階管理者忙於各種社交，忽略內部工作效率？
8. 組織內部常因為嫉妒而產生內耗，充滿了不必要的矛盾？
9. 公司傾向於隱藏財務狀況？
10. 當關鍵人物退休或離職，公司陷入無頭蒼蠅般的混亂？

我在三百多家大型企業舉辦創新工作坊以及創新專案輔導的時候，經常與許多優秀的主管交流管理的議題，這十個題目是我對於高效率團隊的檢查清單，而這也是經典的帕金森定律[1]的十條法則：冗員增加原理、中間派決定原理、雞毛蒜皮定律、無效率係數定律、人事遴選庸才、辦公大樓法則、雞尾酒會公式、嫉妒症、財不外露、退休混亂。其分別顯示組織正分別面臨下面這十個問題：

1. 冗員增加原理，代表組織過度膨脹導致效率低下。
2. 中間派決定原理，決策權可能不在真正應該做決定的人手中。

3. 雞毛蒜皮定律，組織經常被瑣碎事物所困擾。
4. 無效率係數定律，組織規模擴大可能導致的效率減損。
5. 人事遴選庸才，代表組織中存在晉升機制問題。
6. 辦公大樓法則，表示外表形象可能比實際效能更受重視。
7. 雞尾酒會公式，管理層可能過於注重外部關係，忽略內部效率。
8. 嫉妒症，組織內部的嫉妒削弱了團隊合作和效率。
9. 財不外露，代表組織可能對外部透明度的抗拒。
10. 退休混亂，表示組織在人才傳承和權力交接上的薄弱之處。

閱讀這本《組織的帕金森定律》新書後，我非常開心，因為這是一本對於帕金森定律詮釋得最簡單易懂的書。

這本書用淺顯易懂的現實事例，從企業管理、職場法則、個人提升、家庭教育等方面，深入剖析陷入不同困境的人在其中的表現，並告訴大家該如

1 Parkinson's law，又譯做「白京生定律」。

何突破重圍，重獲新生。非常值得推薦給每一位職場上班族與追求成長的個人，能幫助你有效克服以上的組織怪病！

前言
人生的難題都是因為帕金森定律

身為一名企業經營者，你是否有過員工人數越多，工作效率越低，公司效益越差的困惑？曾經遇到過高階管理人員在決策時，互相推諉、避重就輕，讓決策無法統一的情況？甚至是面對一個前景很看好的專案，卻缺乏一支令人放心的團隊的無力感？

身為一名中階主管，你是否充滿了對人才的渴望，卻又擔心部屬超越自己，讓自己淪落到「教會徒弟，餓死師傅」的地步？是否有過面對企業利益和個人利益衝突時，無比糾結，不知道該如何選擇的痛苦？或是曾苦於不良的人際關係，缺乏人脈，陷入工作不好開展的困局？

是否發現自己周圍最忙的人，時間竟然比你還充裕？自己的時間往往在不經意間消失殆盡？甚至曾意識到時間流逝的原因，是自己無限的拖延和不能有系統的規畫時間？

你在辦公室裡總是處於邊緣人境地，與其他人格格不入？是否曾錯信他人，隨意評判別人，讓自己陷入尷尬境地？是否發現學會與人分享和合作，找到與擁有不同特質的主管的相處之道，可以讓自己的職涯風生水起？

身為一名普通人，你有過因為錯誤選擇，至今回想起來仍後悔不已的時候？或是曾因為他人的過錯而不斷懲罰自己？抑或是曾因為規畫的好，得意於自己當下的收穫？

當孩子表達自己的看法或為自己辯解時，身為父母的你是否曾大聲命令他閉嘴？你能心平氣和的與孩子就問題展開討論，讓孩子自己做出選擇？發現孩子的壞行為或壞習慣時，你能巧妙引導，生動比喻，讓孩子於會心一笑中，不好意思的意識到自己的問題？

其實這些現象，都跑不出帕金森定律的重圍。這一被稱為「官場病」、「組織麻痺症」，或者「大企業病」的心理學定律，以深厚的內涵，道出人世間的百態，讓不同身分或職業的人，學會換個角度看問題，找到自己身上存在的問題，並思考解決的方案，進而突破這一重圍，讓自己的生活或事業漸入佳境。

鑒於太多的人深陷帕金森定律的重圍而不得出，本書從企業管理、職場法則、個人提升、家庭教育等方面，選取最典型的現實事例，深入剖析陷入不同困境的人在其中的表現，並告訴大家該如何突破重圍，重獲新生。

全書以帕金森定律為核心，同時又超越這一定律，讓讀者在輕鬆的閱讀和深刻的思考過程中，發現人與事中存在的現象和定律，進而在生活和工作中克服那些阻礙自己前進的思維，獲得長足進步，輕鬆面對人生中的諸多問題，成為人生贏家。

第一章

組織的權力陷阱

01 任用比自己能力差的人

帕金森定律也稱「官場病」、「組織痲痺症」或者「大企業病」，是官僚主義[1]或官僚主義現象的一種別稱，**與墨菲定律（Murphy's Law）**、**彼得原理（Peter Principle）**，**三者並稱為二十世紀西方文化三大發現**。這一定律源於英國著名歷史學家西里爾・諾斯古德・帕金森（Cyril Northcote Parkinson）所著的《帕金森定律》（*Parkinson's Law*）一書。

一九二九年，帕金森進入劍橋大學伊曼紐爾學院（Emmanuel College）學習文學，取得文學學士的學位後，進入倫敦大學國王學院（King's College London）學習歷史學。或許是深受英國高度重視海軍的傳統影響，帕金森對海軍歷史格外感興趣，由此開始了對海軍的研究。第二次世界大戰期間，他先後在海軍、空軍、陸軍和軍事培訓部門擔任過一系列職務，對於管理有一定的認識，並由此累積了一定的素材。第二次世界大戰後，他開始從事教學和寫作工作，並於一九五八年出版了《帕金森定律》一書，書中採用雜文調侃式的語句提出了帕金森定律。

在書中，帕金森結合自己的生活經驗，分析了機構人員膨脹的原因及後果：一個不稱職的官員，可能有三條出路。第一條是主動請辭，把位子讓給能幹的人；第二條是讓一位能幹的人來協助自己工作；第三條是任用兩個能力比自己更低的人當助手。

想當然，第一條路是萬萬走不得的，因為那樣會喪失許多權力；第二條路也不能走，因為那個能幹的人會成為自己的對手；看來只有第三條路最適宜。於是，兩個平庸的助手分擔了他的工作，而他自己則高高在上的發號施令。結果兩個助手不但無能，而且本著上行下效的工作宗旨，為自己再找了

1 指脫離現實，忽視人民權益的領導作風。

兩個無能的助手。就這樣依此類推，最終形成了一個機構臃腫、人浮於事[2]、相互扯皮[3]、效率低下的領導體系。

在這一過程中，整個領導體系自上而下，是由一級比一級更無能的庸人構成，眾多庸人形成了一個臃腫的龐大管理機構。

其實，這一定律的實質就是告訴人們，倘若換一種眼光看事物，那麼現實中諸多不合情理的現象，就可以獲得新的解釋。

首先，從管理學的角度來看，**權力的危機感是產生帕金森現象的根源**。要想解決帕金森定律中出現的問題，就必須建立公正、公開、平等、科學、合理的用人制度。

實踐證明，一個善於發現人才、科學用人的管理者，可以以科學的方式管理企業，從而提升部屬的工作效率；反之，一個不稱職的管理者，則會造成管理機構過度龐雜和過多的冗員，進而導致庸人占據著高位的現象，使得整個管理系統陷入惡性膨脹，企業被拖入泥淖。

因此，管理者要善於用科學的方法管理公司，使部屬積極工作，培養部屬的團隊精神，科學任用人才，激發部屬的工作熱情，使人人發揮主動性，進而不斷提升工作效率；管理者還要善於發現人才，敢於重用人才，而不是只用比自己能力低的人。否則，企業的管理必然會形成惡性循環，使工作效率每況愈下；管理者不僅要獨具慧眼，能夠發現人才、重用人才，還要有容人之量，敢於起用比自己能力強的人……總之，要想打造卓越企業，就需要具有傑出領導力的管理者。只有這樣，企業才能人才輩出，不斷取得進步，進而獲得成功。

其次，從個人管理角度，帕金森定律指出了如何成為高效能人士，如何在職場和生活中不斷精進，成為厲害的人。這其中包括一個人要學會珍惜時間、合理利用時間、不拖延做事、加強時間觀念，進而在做事時達到事半功倍的效果；一個人在做事時，要善於利用關鍵鏈法[4]，確認工作進度，克服帕金森定律，使自己成為高效能人士；一個人要認清自己，發現自己所長和所短，培養自己能力的同時，提升個人素養，讓自己以寬容的心胸容人納事，

2比喻人多事少。
3賴皮，無理取鬧。
4根據有限的資源對項目進度計畫進行調整。

進而樂活人生。

關於個人管理，我在日常生活中經常發現，做同一件事，不同的人所耗費的時間，差別非常大。比如甲是一位高效能人士，乙是一個不善於管理時間的人。甲可以在十分鐘內做好一頓早餐，乙則需要一個小時才能做完；甲可以用二十分鐘寫好一封電子郵件，乙則要花費足足一天的時間才能寫完；在工作中，倘若時間緊迫，甲一個人可以同時處理好幾件事，乙在同樣的時間裡卻只能做一件事。

這些現象讓我獲得的啟示是，**決定一個人做事效率的並非時間，而是這個人對事件所處形勢的認知、對事件的重視程度，以及做事的習慣和方法。**

此外，帕金森定律還從家庭教育的角度提醒我們，要培養孩子良好的人格和個性，就要讓他建立好習慣，給予足夠的尊重，而不是打造一個「完美」的孩子，要正確的溝通，而不是強制的提出要求……唯有如此，才能培養孩子健康的人格和良好的個性。

02 把很忙當作很棒

企業中存在著複雜的利益關係，懂得管理要義的人越來越少，不懂經營管理之道的人越來越多，進而造成管理無效，部屬工作效率低下。於是，一些企業不得不設立核心決策委員會或核心決策團體。

我認為，這一定律從側面反映了相當多的無效管理，是由於管理者不清楚管理的要義，因此造成部屬工作效率低下。那麼管理的要義是什麼？高明的管理者應該怎樣管理，才能提升自己的管理效率和部屬的工作效率呢？在我看來，**學會科學「瘦身」是提升管理效率的要義之一**。

阿本管理的某知名企業在國內享有盛譽，近幾年正在積極拓展國外市場。讓很多人佩服的是，阿本具有超人的精力和熱情。同樣一天二十四小時，他一方面可以將工作處理得相當出色，另一方面可以讓自己的生活豐富多彩。面對朋友們或讚或嘆的表情，他總是笑著說，自己這個本領也是在失敗中一點一滴學得的。

十四年前，當阿本第一次坐在企業管理者的位子上時，他滿腦子想的都是如何給自己做加法，比如怎樣讓下面的團隊更壯大，怎樣讓自己擁有更多的號召力、話語權。然而到了今天，雖然阿本還是坐在同樣的位子上，但他想得最多的卻是怎樣為自己做減法、怎樣讓企業向著更加精準的道路發展、怎樣砍掉不必要的部門、怎樣更好的放權……。

說到這裡，阿本由衷的說，自己也曾與大部分企業領導人一樣，經常抱怨自己「太累」，部屬「太閒」，感覺「公司裡所有問題都需要我解決」。不過如今想想，其實這一切都是自找的。自己和相當多的管理者一樣，明知道所有的事情不可能靠一己之力完成，但又害怕結果不夠好，因此事必躬親，追究所有細節，結果讓自己身體出了狀況，婚姻亮了紅燈，部屬做事拖延，工作效率低。

後來，阿本痛定思痛，不斷學習，尋找原因，終於意識到自己的問題出在管得太多，不會放權。這種管理思想最終導致自己的負擔過重，部屬的能力無法提升。

在現實的企業管理中，有很多管理者總是過於追求忙碌，似乎只有忙起來，並忙到不可開交的程度，生活才會充實、企業才會好、心裡才會踏實。當然，我們必須承認，「勤勞致富」、「天上不會掉禮物」的理論是正確的。但要注意的是，**勤勞並非等同於忙碌**。大量事實證明，**企業中不能全是忙人，因為「忙」會帶來「亂」，而「亂」則會導致效率低下**。

人在忙的時候，往往容易注意力過於集中，視野由此變窄，就會出現只知道埋頭拉車而不知道抬頭看路的現象。如此一來就極易忽略掉大局，以及各種事物之間的匹配關係，進而造成大量資源的浪費和無效勞動的產生。

因此，**企業裡的「閒人」實際上相當重要**，因為他們站在比勞動者更高的角度靜靜的觀察與思考，協調各種事物的關係，進而確保大局的平穩。就其工作效率而言，這種「閒人」的效率遠勝於十個「忙人」的效率。而這正是管理者的本職工作。

同時，心理學研究還發現，如果一個領導者在管理上不能夠放權，實際上就代表了他不具備足夠的信心，不相信他的處世哲學和企業文化能影響他所授權的管理者，使管理者按照他的意圖來處理問題。長此以往就會像帕金森定律中所說的，企業中懂管理的部屬越來越少，無論事情大小，部屬總要請示主管，主管凡事都要下指令。倘若主管不夠高明，自然無法帶出更加高明的部屬，結果就是部屬的能力不強，成了執行主管指令的機器人，其個人價值無法得到發揮。最終導致主管很辛苦，員工很委屈，企業人浮於事。

W是某企業的老闆，他經常氣憤的向身邊的朋友抱怨自己的員工都是懶惰蟲，執行力極差，自己要處理公司所有的事情。最初，大家對W深表同情。不過時間一長，大家都慢慢的發現了其中的緣由。

原來，W對手下的員工極度缺乏信任，總覺得手下人會占他的便宜，所以，他在工作安排下去後，總是特別不放心，一定要自己掌握事情的所有細節。於是他的部屬無論做什麼，就算是一件小事、一小步都要向W請示，得到W的首肯後才敢繼續下去。結果，慢慢的就沒人敢大膽、主動的做事了，原因是做得再多也沒用，W一句話就得推倒重來，純粹出力不討好。

最終W的公司就出現了這樣的局面：員工們被迫無所事事，W卻忙得腦門子冒汗、頭腦發暈。要知道，一個人哪能兼顧那麼多事情呢。結果，相當多的事情，哪怕是W自己曾經交代、指導過的事，也被他忘到腦後了。最終很多事情都成了「爛尾樓」，光耗時間沒成果，而員工則招來W的一頓臭罵：「你們都是吃素的嗎？養你們有什麼用？」

聰明的管理者懂得放權於部屬。他們一方面讓自己從繁雜的日常事務性工作中解放出來，把精力集中到戰略發展、對外關係的開拓上，正確利用部屬和管理的力量，引導部屬發揮團隊協作精神；另一方面讓部屬獲得被肯定感和被認可感，而這正是亞伯拉罕．馬斯洛（Abraham Maslow）在其需求層次理論（Maslow's hierarchy of needs）中強調的，**人們必須先滿足下層需求，才能達到上層需求**。如此一來，管理者的工作變得更加輕鬆，員工的心理獲得滿足，其能力也得到發展。

總之，管理者要學會「瘦身」、放權，這也是傑出的企業家傑克．威爾許（Jack Welch）所說的「**管得少就是管得好**」的要義所在，更是帕金森定律提醒我們的一個重要的內容：管理者要學會科學放權，在滿足部屬心理需要的同時，讓部屬獲得自我價值感，這樣才能避免出現無效率係數定律[5]。

03

過度追求完美

帕金森定律中的辦公大樓法則是指，辦公場合的豪華程度與企業的發展速度，和員工的工作效率成反比。事業處於成長期的企業，一般沒有足夠的興致和時間設計完美無缺的總部。所以，「企業建築設計的完善，乃是凋零的象徵」、「完美就是結局，結局就是死亡」。

這一定律從表面上看，雖然談的是企業管理中，辦公場合的豪華程度與企業的發展速度，和員工的工作效率呈反比，但它同時也提醒我們「完美就

5 無效率係數定律（coefficient of inefficiency）是委員會組織的運作規律。帕金森認為，一個委員會成員超過十九至二十二人時，便失去辦事效率。

是結局，結局就是死亡」。因此，過分追求完美，會影響自己的人際關係，給自己帶來諸多困擾，減少生活的幸福與快樂。

喬恩和吉卡剛過完結婚二十週年紀念日。對於這對夫妻，周圍的親朋好友都稱羨他們之間的感情二十年如一日。縱然歷經二十年的歲月，雙方的容顏皆已蒼老，但他們的感情卻歷久彌新。閨蜜們聚在一起，看到喬恩容光煥發的樣子，都忍不住追問她感情維持新鮮感的祕訣。喬恩笑著說，其實沒什麼祕訣，就只是雙方相互欣賞，一如初戀。

二十年前，喬恩和吉卡在機場相識，此後兩人陷入熱戀。喬恩是一名藥劑師，吉卡則是一名推銷員。他們相約每次在一塊時都要稱讚對方，肯定對方的優點。

就這樣，從一開始的「妳今天穿這件裙子太美了」、「這道菜妳做得太好吃了」到「親愛的，這件事處理得真棒」、「那麼嚴肅的老師，你都能把她逗笑，太厲害了」……在相互陪伴的二十年中，他們共同度過了事業的拚搏期、共同努力養育了兩個優秀的孩子，其間雖然也有過分歧和爭論，但更多的是相互欣賞和肯定。

說到這裡，喬恩感嘆說，能欣賞對方，發現對方身上的美好，真是太重要了。倘若自己不是和吉卡在最初約定好了，要在以後的歲月中努力發現並肯定對方的優點，直至形成習慣，說不定早在七年之癢時，兩人就分手了。那時是他們最灰暗的一段時期，一方面是吉卡失業，另一方面是大兒子出生。但就算是極度困窘的那段時期，因為總能發現對方的優點和長處、總能從對方那裡獲得肯定和讚美，於是生活變得輕鬆起來，日子也就變得越來越美好。

心理學相關研究顯示，過度追求完美是一種病態心理，不利於身心健康。這種病態心理一方面會給身邊的人造成壓力，使人際關係緊張，難以形成親密關係；另一方面會引發焦慮和憂鬱，從而使人罹患疾病。

麥柯畢業於常春藤聯盟（Ivy League）大學，畢業後即被招入某大公司。他的能力超強，做任何事情都手腳敏捷、幹勁十足，而且領悟上級的意思也特別快，讓人感覺他無論接受什麼任務，都能做得非常不錯。

麥柯在生活中有一個習慣，就是總喜歡把自己的辦公桌整理得非常整潔。在他的辦公桌上，除了一個相框和幾個資料夾，幾乎沒有其他東西。一次，一位同事捧著咖啡經過他的辦公桌，不小心濺出，灑在他的桌子上。麥柯非常生氣，飭令那位同事不要再做這樣的蠢事，讓那位同事相當尷尬，周圍的同事也對他頗多微詞。從此，同事們都對他敬而遠之。

社會心理學研究顯示，過於追求完美，可能會適得其反。就如同小孩子總是認為世界上只有善惡兩面，東西只有好壞兩個屬性，看到好吃的零食要麼想全部占為己有，要麼就賭氣一個也不要。這樣的思維方式往往會讓完美主義者很難接受微小的人生失敗。因為在他們看來，人生應該是一帆風順的。當出現挫折時，他們的挫敗感要比普通人強烈。

那麼，過度追求完美具體包括哪些類型呢？加拿大英屬哥倫比亞大學（University of British Columbia）心理學家保羅．休伊特（Paul Hewitt）和加拿大多倫多約克大學（York University）的心理學教授戈登．弗萊特（Gordon

Flett）經過多年的研究發現，過度追求完美的人有不同的表現形式，但無論是何種形式，均會產生某種健康問題，譬如沮喪、焦慮、飲食紊亂等。

一般來說，過度追求完美包括三種類型：

一是給自己設定遠大目標，並努力達到。他們過度要求自己，因此極易陷入自我批判的情緒中，易引發沮喪情緒，遭受失望的重挫。

二是總以為別人對自己心存更高期望，於是為之不斷努力，結果極度害怕失敗和得到他人的不良評價，因此不敢嘗試新鮮事物，不敢拒絕他人的不合理或者不公平的要求，盡可能在他人面前表現得完美，一切問題自己來扛，默默的自我調節悲傷或者憤怒的情緒，容易出現飲食紊亂，甚至產生自殺的想法。

三是對其他人高標準、嚴格要求，強行要求他人十全十美，結果往往造成人際關係緊張，婚姻失敗。

在現實生活中，相當多在親密關係中出現的互相挑剔的現象，其實大都是由於過於追求完美，從而讓自己失去發現身邊人事美好之處的慧眼，最終讓自己和他人陷於痛苦之中。

身為職場「白骨精」[6]，喬喬在工作上精益求精、追求完美，獲得了主管的賞識和老闆的喜歡。然而，她的這種做事方式在處理人際關係時，卻屢遭滑鐵盧。因為過於追求完美，她換了好幾次室友，最終只能自己一個人租房子住。也是因為這種個性，她先後交了幾個男朋友，卻因嫌棄對方不是有這個問題，就是有那個問題，最終都不歡而散。

其實，喬喬的問題就在於，她在為人處事上陷入了帕金森定律中的辦公大樓法則，對周圍的人和事過於追求完美，而不是努力練就一雙慧眼，發現身邊人和事的美好。

當然，現實生活中像麥柯和喬喬這樣的人並不少見，比如有的人在下棋時，因為走錯了一步，要麼懊惱無比的吵著要悔棋，要麼心灰意冷的早早認輸，負面情緒蔓延……如果這種過於追求完美的思維方式長期發展下去，就會讓一個人變得極其自私狹隘，過分重視一些旁枝末節，進而嚴重影響自己的人際關係和個人發展。

04 無效努力

帕金森定律中的雞毛蒜皮定律[7]強調了管理層在管理過程中，過度關注無關緊要的小事，而忽略了重要的事務，最終空耗時間和精力，影響關鍵問題的解決。此類情況在我們的生活中比比皆是。我就有過深刻的體驗。

我是典型的吃多動少、脂肪過剩一族，於是在春節過後開始思考減肥大計，立志要瘦成一道閃電。為此，我儘管心疼不已，但仍辦了健身房會員，請了私人教練。

6 職場女強人的尊稱。白領＋骨幹＋精英的簡稱。
7 又稱帕金森瑣碎定律。

從此，我開始每週三到四次，每次兩小時的減肥大計，巴不得自己所有的時間都用來做這件事。然而一個月後檢驗成果時，我傻眼了，體重不但沒減，反而增加了一公斤！氣恨之餘，我內心的委屈翻騰滾湧，於是和教練分析因果，檢討為何我如此努力都沒有效果？

結果教練指出：一是我所謂的在健身房鍛鍊兩個小時，就是一會兒回一下訊息，一會兒發一條微信朋友圈狀態，最終導致有效鍛鍊時間不足三十分鐘；二是鍛鍊後相當認真的慰勞自己，比如時不時吃個冰淇淋，導致熱量攝取過多。

再深入分析，實際上，當我踏入健身房時，內心深處就存在著這樣的想法：只要想要、只要努力、只要踏入健身房、只要堅持兩個小時，那肯定能減肥，瘦下來。這的確是不錯的想法，不過由於我做了相當多無效的努力，比如前面所說有效鍛鍊時間很少，攝取的熱量大幅度增加，結果令減肥計畫付諸東流。

由此可見，解決問題的關鍵，在於要充分認知到何為無效努力，讓自己不再關注申辦會員的花費、每週鍛鍊多少次等，而是踏踏實實的增加有效減脂時間，調節飲食結構，減少熱量攝取，並將「努力」二字深嵌在自己的靈魂中，從問題的根本入手，如此方能不浪費時間和精力，真正解決問題。

減肥雖然是一件小事，卻反應出了關鍵問題，即俗話所說的「好鋼用在刀刃上」。**做事一定要抓住關鍵，才能從根本上解決問題**。

狼是一種令人敬畏的群體生活動物，牠們在戰鬥中一旦發起攻擊，會很快解決問題，其原因就在於牠們極善於攻擊對方的要害部位。

一家核電廠在運營過程中遇到了嚴重的技術性問題，進而導致整座核電廠生產效率降低。儘管工程師盡了最大的努力，但仍無法找到問題所在。於是不得不花費巨資，請了一位頂尖的核電廠建設與工程技術顧問，請對方找出問題所在。

這位顧問到達後，用兩天的時間四處走動，到控制室裡查看了數百個儀錶、儀器，並記好筆記，進行計算。到了第三天，他指出問題在於其中一個儀錶，只需將連接這個儀錶的設備修理、更換好，問題就可以解決。

工程師們將那個裝置拆開，果真發現了問題。故障排除後，電廠完全恢復了原來的生產效率。

就像治病講究對症下藥，技術顧問抓住了問題的關鍵。如同好的醫生在治病時，找到疾病的關鍵點，即問題的癥結，就可以達到藥到病除的效果，顧問只需找到儀錶問題的關鍵點，剩下的問題就能解決。

不只在工作中，在生活中也是如此。當我們在生活中遭遇難題，一籌莫展時，不妨讓自己冷靜下來，仔細分析一下問題，找到癥結，對症下藥，問題就可以順利解決。

芳是一位全職媽媽，她生活的重心就是女兒艾米，每天為艾米奔忙。轉眼，艾米就要上國中了，為了讓孩子獲得更好的教育，丈夫決定送艾米去一所寄宿制國際學校。沒想到，艾米去寄宿學校上學前，芳生病了。

艾米在學校住了半個月，芳的身體越來越差，整日食不下嚥、無精打采。丈夫擔心她患了重病，於是特地帶她做了各項檢查，檢查結果均為正常。沒辦法，丈夫只好請了保母，專門照顧芳。

後來，丈夫發現了一個奇怪的現象：每次週末艾米回家，芳的身體就神奇的好了，還可以為女兒做各種想吃的美食，當艾米週日離家後，她又病弱不堪。丈夫經過一段時間的觀察，懷疑芳是心理出了問題，於是找了一位心理諮詢師。

對方建議他給芳找些可以體現她個人價值的事情去做。幾天後，丈夫告訴芳，一位開培訓學校的朋友特別欣賞艾米，認為孩子能如此優秀要歸功於媽媽的教育理念先進，因此想請芳去培訓學校做教務助理，但又擔心芳的身體問題。沒想到，芳一聽到這個消息，連忙說她身體沒問題，給她半個月的時間，一定會恢復如初。

半個月後，精力充沛的芳出現在培訓學校，一掃女兒艾米住宿後的頹廢和低迷，以嶄新的面貌出現在眾人面前。

故事中芳的丈夫在解決妻子的問題時，就抓住了問題的關鍵點——女兒住宿後，芳的生活重心失控，自我價值感受到威脅。於是他採用了重塑其自我價值，樹立其自信的方式，讓妻子找回自我、找回自信，進而達到「心病還要心藥醫」的效果。

由此可見，無論是工作、學習，還是處理生活問題，都要講究方法。只有抓住關鍵問題，切中問題的要害，才能使我們的工作和學習事半功倍。

新加坡著名作家尤今，最初寫文章時，總是苦惱於自己不能直入核心，直切要害。有一次，她請同事代買原子筆，再三叮囑對方：「記住，我不喜歡黑色，黑色暗沉、肅殺，所以千萬不要買黑色的。千萬不要忘記呀，十二支，全部不要黑色。」然而，第二天當她從同事手裡接過筆時，竟然全是黑色的。

看著尤今，同事振振有詞的說：「妳一再強調黑色的、黑色的，結果我在忙了一天後，昏沉沉的走進商店時，腦子裡印象最深的就是兩個詞——十二支、黑色。就這樣，我一心一意朝著黑色的買下去了。」

尤今意識到，倘若自己言簡意賅的告知對方「請幫我買十二支藍色的筆」，那麼同事就不會買錯了。生活中如此，寫作其實也是如此。從此之後，無論是說話還是撰文，尤今均能做到抓住問題的關鍵點，直擊問題的中心。

所以，一個人倘若不能清楚生活中每一個階段的關鍵點，就會在獲得成功、成就和幸福的路上，多走彎路，多些曲折。

05 關注無關緊要的小事

帕金森定律中的雞毛蒜皮定律，除了強調太過關注無關緊要的小事，就會忽略重要的事務，進而影響重要事情的進度外，它還提示我們，當我們不能充分的認知到自己所處的現狀，盲目樂觀或悲觀，必定會給自己的生活和事業招來不斷的麻煩，從而讓自己疲於不斷解決問題。

強的公司因為經營管理不善倒閉了。樹倒猢猻散[8]，公司裡上自總經理，下至清潔工，幾十個人不得不尋求向外發展的機會。看著自己的部屬一個個從公司裡離開，強難受極了。不過，在感嘆今非昔比、人去樓空的殘酷現狀之外，他更擔心的是自己的將來。

在此之前強可謂是少年得志，一帆風順。大學畢業沒多久，他就在機緣巧合之下，開了這家公司，人生可謂順風順水。然而，他沒想到的是，苦心經營了十多年的公司會因為一件小事倒閉。強想重開公司，但資金不足，無奈之下只能選擇受僱於人。

就這樣，強在一家公司找到了一份薪資還算不錯的工作。和強同期進入的還有一個應屆畢業生小李。當同樣的事情交代給小李時，小李因為是職場新人，不但認真執行，而且虛心的向周圍的同事求教；而強則自恃曾經開過公司，人脈和能力是這些人無法比的，因此以「老將」自居，認為同事在自己面前總是指手畫腳、不可一世，根本無法接受。

一個月後，強決定換一份工作。當他將自己的打算和小李說起時，小李驚訝的問他，做得好好的為什麼要換工作？強反問道：「難道你能夠忍受那些人指手畫腳、不可一世的樣子？」小李搖了搖頭，說：「他們沒有對我指手畫腳，更沒有不可一世。那是他們對新人的幫助和培養。我好不容易適應

8比喻有權勢的人一旦失勢，其依附者隨即散去。

了新的環境，不想再換地方了。」強恨鐵不成鋼的說：「你不跟我走，早晚吃大虧。」

就這樣，因為心態問題，強在一年裡先後換了五、六份工作；而小李則在第一家公司裡認真工作、虛心學習，因表現良好，年底公司主動幫他升職、加薪。春節前通電話時，聽著小李的講述，強怎麼也想不明白，小李沒什麼比自己強的地方，憑什麼如今混得比自己還好？

強的問題就出在不能認清現狀，最終讓自己的生活一團亂，從而麻煩不斷。在人生的道路上，沒有人可以保證走對人生的每一步。普通人在一生中均會經歷成功與失敗。而要獲得成功，並非一個瞬間的選擇，遭遇失敗也並非轉瞬即逝的結果。任何事物都是在發展的過程中，逐步積累迎接未來的條件的，當條件積累到一定程度時，成功者必定會擁抱成功，失敗者也必然會遭遇失敗。

沒有人會持續的成功或失敗，因此，一個人必須了解自己，認清自己的現狀，了解現在的變化和將來的機遇，如此方能走向自己所期待的未來。

因此，無論是在工作還是在生活中，我們可以看到，一個人倘若不能看清自己，看清當下的狀況，就說明他不能清醒的接受自己的成功和失敗，並改變該改變的、堅持該堅持的、理解該理解的、包容該包容的，結果自然是在起點猶豫不決，前進幾步又後退幾步。當發現面前苦難重重、麻煩多多的時候，就開始說服自己換個地方重新開始，最終只能故步自封。

心理學分析發現，產生這種問題的原因在於，當事人的內心不夠有自信和強大，內心存在著自卑感和怯懦感，缺乏面對失敗的勇氣，結果就會掉進帕金森定律的深坑。

因此，只有不怕失敗，也不怕打擊的人，才會以一顆豁達的心面對成功和失敗，從容面對生活和工作中的一切，清楚**成功不是避開失敗，而是了解失敗，在失敗中孕育出的。**

狒狒家族等級森嚴，這一點明顯的表現在就餐次序上。美國生物學家出於研究的目的，將一隻狒狒首領與一隻最小的狒狒分別關進一個籠子裡。待其他狒狒進食完畢後，才將牠們放出來。

觀察中發現，每次那隻狒狒首領看到其他狒狒進食時，就會煩躁的在籠子裡又跳又咬又抓，將自己弄得渾身是傷。而將其放出進食時，牠則會將食物打翻在地，甚至拒絕進食。相反的，那隻最小的狒狒則會在其他狒狒進食時，悠然自得的玩耍或觀看，進餐時則津津有味的吃著，更不在意狒狒首領將食物打翻在地。

由此生物學家得出結論：狒狒首領由於平時總是第一個進食，所以當牠發現其他狒狒先進食時，就會勃然大怒。而那隻最小的狒狒則因為平時就是最後一個進食，因此當其他狒狒先進食時，牠能平靜的對待。實驗結束時，那隻狒狒首領身心俱疲，而最小的狒狒則身康體健。

誠如上述故事中的強和實驗中的狒狒首領，一個人倘若不能認清現狀，從容面對人生中的成功與失敗，將自己的心態擺正，就會掉進自己設置的心理陷阱，終將自己弄得傷痕累累、筋疲力盡，而別人卻渾然不覺，甚至感覺莫名其妙。

在城裡工作了一段時間的清，厭倦了朝九晚五的生活，於是辭職回到家鄉開了一家雜貨店。雖然小店開在村裡，且位置有些偏僻，但還是頗能吸引一些周邊的鄰居光顧。然而，清是一個不善於理財的人，每每賺到一點錢就馬上花掉，結果到進貨時他就身無分文了。所以雜貨店在慘澹經營半年後，不得不關門了事。清將店鋪賣掉後結算，自己不但賠掉多年的積蓄，還欠了親戚債。

在消沉了一段時間後，清不得不回城裡重新找工作。由於他僅有高中學歷，又沒有拿得出手的技術，於是求職屢次碰壁，為此他身心疲憊，甚至對未來的生活也失去了信心。

又一次面試失敗後，清垂頭喪氣的走在路上，回憶著面試時人事經理的說辭。這時，耳邊突然傳來一聲叫喊：「小心！」清雖然急忙躲避，但仍不可避免的撞到了電線桿。等他回過神來，才發現提醒自己的是一個坐在簡易輪椅上的殘障人士。

這個人將自己的輪椅停在路邊，關心的問：「撞疼了吧？電線桿也不是好欺負的！人得睜開眼睛看路，才能走得穩呀！」說完，他就轉動輪椅向前行。清看到那人輪椅後面放著一臺修鞋的機器，看樣子他是一位修鞋人。

望著他漸漸遠去的背影，清忽然間明白了，他會失敗，就是因為無法看清自己和周圍的環境，整天嚮往著遠方的空中花園，而不去欣賞近在眼前盛開的鮮花。

第二章

團隊很大，效率很差？

01 為什麼你的部門有冗員？

經常聽到管理者抱怨團隊成員人數很多，但工作效率卻很低，一旦發生事情就互相推諉。其實，出現這種情況的根本原因，是團隊陷入了帕金森定律之冗員增加原理的泥淖中。

冗員增加原理是指，管理人員的數量增加與工作量並無關係，而是由兩個原因造成的：一是，每一個管理者都希望增加部屬而不是對手；二是，管理者互相為對方製造工作障礙。

這一原理強調了管理人員的素質。身為管理者，首先要認知到一個好團隊的根本，就是團隊成員之間的合作，這也是團隊繁榮的根基，因此要發揮團隊成員的力量，而不是彼此之間互相拆臺，才能促進團隊合作，帶出一支優秀團隊。

俗話說：「一個和尚挑水喝，兩個和尚抬水喝，三個和尚沒水喝。」很多時候做事的人越多，工作結果反而越糟糕。針對這種現象，法國心理學家馬克斯．瑞格曼（Maximilien Ringelmann）透過實驗和調查，發現了隱藏在這一現象背後的心理學規律——責任分散效應。

瑞格曼選取了十四名身強力壯的受試者，將他們分成四組，每組人數分別為一個、兩個、三個和八個。實驗中，各組受試者要按要求用全力拉繩子，同時試驗助理在一旁用靈敏的測力器，對受試者在比賽中的拉力逐一測量。結果顯示，當參賽者為一個人時，受試者的平均拉力是六十三公斤，而當為群體時，每個受試者平均使出的拉力都減少了：兩人一組參賽時，人均拉力為六十公斤；三人一組參賽時，人均拉力為五十三．五公斤；八人一組參賽時，人均拉力為三十一公斤。

這一實驗說明了一個道理：**在共同完成一項任務時，群體人數越多，人均做出的貢獻越少**。

對於這一實驗結果，瑞格曼給出了解釋：當某項任務由個體單獨完成時，其責任感相對較強，因此在完成任務的過程中會對此項任務做出積極的反應；當群體被要求共同承擔某項任務時，由於任務的責任是由群體中所有人一起承擔的，於是群體中每個成員就會感到自身的責任相對減少，從而責任感減弱，所以他們的努力程度也會相對降低。

這說明，並非團隊成員的數量越多越好，因為**人數多了，責任就會不明確，執行也會不到位，進而影響團隊工作的效率**。

在團隊管理中，當一項任務由團隊的幾名成員共同完成的時候，大多數人會下意識的將理應由自己承擔的責任或任務分解、轉移到同組的其他成員身上。而這種情況一旦出現，該團隊的凝聚力和戰鬥力就會因此嚴重削弱，從而讓團隊的整體效率下降。

在自然界，烏鴉是能與老鷹相提並論的優秀高空搜索者。牠們飛翔於高空中，尋找可供食用的受傷或死亡的獵物。一旦發現獵物，就會把訊息傳達給合作者——狼群，然後由雙方首領分別帶領著自己的同類——烏鴉和野狼趕到獵物所在地。接下來，野狼就要承擔任務了：牠們發揮力量的優勢，用強壯的爪子將獵物的軀體撕開，在野狼大口吃肉的同時，烏鴉在一旁撿食著食物碎塊，雙方分食同一獵物。就這樣，借助於合作，雙方都獲得了充足的食物，進而得以在危機四伏的原野中生存下來。

在這一合作過程中，烏鴉和野狼各司其職。烏鴉承擔起發現獵物和清理食物殘渣的角色，即偵察兵和清潔工；野狼承擔起將食物剖開的任務，即刺刀。在自然界裡，牠們相當愉快的互相合作，共生共存。這真是一種相當良好的合作關係，雙方也因為這種合作，各自在「物競天擇，適者生存」的大自然中經受住了考驗。

當然了，在共同進食的過程中，狼偶爾會象徵性的向著身旁的烏鴉露出凶狠的獠牙，但牠們不會真的去傷害烏鴉，更不會將其當作自己的食物；烏鴉也會在狼進食時啄狼的屁股，但也絕不會真正傷害狼。牠們之間的這種偶爾的對峙，僅僅是一種遊戲。

可以說，這兩種動物不僅能和平相處，而且很顯然牠們之間存在著依據大自然的效率法則，和數千年的經驗逐漸形成的錯綜複雜的合作關係。

烏鴉和狼的關係極其形象的說明了，一支好團隊的根本就在於團隊成員之間的精誠合作。未來社會是資源整合的社會，是團隊合作的社會。任何人要實現自己的夢想都不能只靠一個人的力量。因此，無論是個人還是團隊，要想獲得成功，必須要與他人合作。

某企業要招聘員工，很多人前來應徵，這其中有大學生，也有研究生，他們個個頭腦聰明、博學多才，都是同齡人中的佼佼者。面對眾多優秀的應徵者，聰明的董事長清楚，就專業知識而言，可能難不倒他們。因此，他要求公司的人事部安排了一場別開生面的面試。

面試開始後，董事長讓六名應徵者一起進來，然後發給他們十五元[1]，要他們去街上吃飯，條件是必須確保每個人都要吃到飯，不能有一個人挨餓。

這六個人從公司出來後，來到街上的一家餐廳。他們上前詢問價格，服務員告訴他們，雖然這裡的飯和麵價錢不高，但是每份最低要三元。照這樣的價格，六個人一共要十八元，可是現在只有十五元，無法保證每人一份。於是，他們垂頭喪氣的走出餐廳。

回到公司，董事長問明情況後搖搖頭，說：「真是對不起，你們雖然都很有學問，但是不適合在我們公司工作。」其中一人不服氣的問：「十五元怎麼能保證六個人全都吃到飯？」

董事長笑了笑說：「我已經去過那家餐廳了，如果五個人或五個人以上去吃飯，餐廳就會免費加送一份。而你們是六個人，如果一起去吃，可以得到一份免費的午餐，可是你們都只想到自己，從沒有想過凝聚起來，成為一個團隊。這只能說明，你們都是以自我為中心、缺乏團隊合作精神的人。而缺少團隊合作精神的公司，又有什麼發展前途呢？」

聽到這番話，六名應徵者頓時啞口無言。

看完故事，再細想一下冗員增加原理，我們就會清楚的認知到，避免陷入這一原理的重要方法，就是打造一支精誠合作的團隊，如此方能避免出現責任分散現象，進而保證團隊的戰鬥力。

就員工招聘問題，微軟（Microsoft）遵循著一套相當嚴格的標準，其中

1全書人民幣兌新臺幣之匯率，皆以臺灣銀行在二〇二四年四月公告之均價四．四七九元為準，約新臺幣六十七元。本書若無特別註明幣別，皆是指人民幣。

考察應徵人員最重要且最必要的因素，就是其身上的團隊精神。

人資長解釋說：「如果一個人是天才，但缺乏團隊精神，這樣的人我們不要。中國資訊科技產業有很多年輕聰明的人才，但他們的團隊精神不夠，所以每個簡單的程式都能編得很好，但編大型程式就不行了。微軟開發Windows XP時，五百名工程師奮鬥了兩年，一共編了五千萬行程式碼。軟體發展需要協調不同類型、不同性格的人員共同奮鬥，缺乏領軍型的人才和合作精神是難以成功的。」

團隊之間的競爭，即團隊協作能力的競爭，是現代企業競爭的本質。精誠合作的團隊精神是公司成功的保證。在專業分工越來越細、市場競爭越來越激烈的社會前提下，單打獨鬥的時代已經一去不復返，要實現傑出管理，就要打造一支精誠合作的團隊。

02

第一印象重要，卻不一定可靠

中階主管是企業員工的直屬主管，對員工的成長、團隊的建立起到至關重要的作用。相當多的企業留不住人才，一個重要的原因就在於，中階主管的素質不夠，而這是由於企業在選拔時，出現了帕金森定律之人事遴選庸才現象。

所謂人事遴選庸才現象，即人們為了選人才，設計了許多方法，但大部分方法都是徒勞無功的，最終不得不靠偶然性標準遴選人才。在這種招聘中，發揮決定性作用的因素就是「第一印象效應」。

漢威聯合國際（Honeywell International）是一家資產達數百億美元的多種技術提供商，及製造業的領袖型企業，曾任其總裁和 CEO 的賴利．包熙迪

（Larry Bossidy）回憶自己在人才選用上的經歷時，講過這樣一件事：

某次他急需一位高級行銷總監時，經朋友介紹，認識了一個人，我們就稱這個人為彼得吧。

彼得給賴利的第一印象相當不錯，賴利覺得彼得不但為人風趣幽默，說話極具感染力，而且執行能力很強。這正是賴利需要的行銷總監所具備的特點。加上彼得又是朋友介紹的，於是雙方一拍即合，賴利聘請彼得做公司的高級行銷總監。

結果三個月後，賴利發現自己錯了。因為彼得是一個典型的空談家，整天誇誇其談，卻做不出任何成績。彼得離開後，賴利打電話給朋友，朋友告訴賴利，他和彼得並沒有什麼私交。賴利這時候才想起，在初次見面時，自己因為看到彼得和朋友交談甚歡，就誤認為他們兩人交情深厚。

賴利在人員任用上會犯下這樣的錯誤，究其根源就是受到了第一印象的誤導。我們必須承認，人們在相互交往與溝通時，第一印象的好壞非常重要。

這導致相當多的人常依據最初的印象去評判一個人，甚至會因為第一印象給人貼上標籤。

著名社會心理學家包達列夫（Alexey A. Bodalev）曾做過一個實驗：兩組受試者分別看同一個人的照片，照片上的人的特徵是眼睛深凹，下巴外翹。然後實驗人員向甲組受試者介紹時稱「此人是個罪犯」，向乙組受試者介紹時稱「此人是位著名學者」。然後，實驗人員請兩組受試者分別評價這個人的外貌特徵。

甲組受試者認為：此人眼睛深凹，表示他凶狠、狡猾；下巴外翹，反映其性格頑固不化。乙組受試者認為：此人眼睛深凹，表示他具有深邃的思想；下巴外翹，反映他具有探索真理的頑強精神。

評價的結果顯示了兩組受試者對同一照片的面部特徵，所做出評價差異如此巨大的原因在於，人們對社會各類人的認知已經定型。將其當作罪犯來看時，自然就認為這個人的眼睛、下巴的特徵理應屬於凶狠、狡猾和頑固不化的代表；而將其當作學者來看時，就自然而然的把相同的特徵，看作思想深邃和意志堅忍的體現。

所以，憑藉第一印象來評判一個人，很有可能陷入印象的怪圈[2]，從而造成偏見。在選拔人才時，這種偏見會讓我們對要任用的人產生誤解，從而錯過很多合適的中階主管。

正是由於第一印象的偏頗性、誤導性，加上這一現象又是確實存在的，所以在選拔人才時，應理性的反思自己對要任用的人員印象。「**兵隨將轉，無不可用之人**」，這是每位管理者都應有的信念。

或許我們的確會遇到一些「不可用」的人，也的確會遇到一些「可用」之人，但身為管理者，你必須要意識到，不能僅因對方的外在條件而對其做出論斷，而是要減少第一印象的負面影響，將自己的關注點轉移到對人才的考察上，全面的評估一個人，進而找到自己需要的中階管理者。

總之，無論第一印象效應在多大程度上符合事實，對管理工作都是不利的。這種不利的重要原因就在於，管理者會藉由其造成的偏見，更加主觀評判人才，而非全面考察人才，發現其潛能或發展性，由此降低了管理者在選擇部屬上的科學根據，進而導致企業管理的失敗。

那麼，該如何克服第一印象對管理者在選擇人才上的負面影響，從而利用標準的招聘程序，選擇自己需要的優秀中階主管呢？先來看一個小故事：

這幾天，部門的同仁都相當興奮，原因是部門要調來一位新主管，據說此人是個能人，因此被派來整頓全公司業績最差的部門。可是，日子一天天過去，新主管卻毫無作為。他每天彬彬有禮的走進辦公室，然後就躲在裡面幾乎不出門。慢慢的，那些最初緊張得要死的消極怠工者放下了戒備，變得比以前更猖獗了。

就這樣，四個月過去了，新主管的命令從辦公室中不斷下發，那些暗自得意的消極怠工者都被開除了，部門裡的能者則獲得了提升。新主管動作之迅速、下手之快、斷事之準，讓眾人跌破眼鏡。在接下來的時間裡，部門裡的人如同打了一劑強心針，每個人都像上了發條的鐘，飛速的運轉著。到年底考核時，大家意外的發現，部門任務竟然完成了。

年終聚餐時，新主管在酒後致辭時講了一個故事：有一個人買了一棟附

2 比喻難以擺脫的某種怪現象。

有大院子的房子。他一搬進去，就對院子全面整修，雜草、雜樹一律清除，改種自己新買的花卉。

某日，原先的屋主回訪，進門後大吃一驚的問：「那株名貴的牡丹哪去了？」這人才發現，自己居然把牡丹當草給砍了。後來他又買了一棟房子，雖然院子裡更加雜亂，他卻按兵不動。果然，冬天時以為是雜樹的植物，居然在春天開了繁花；春天以為是野草的植物，在夏天卻是錦簇一團；半年都沒有動靜的小樹，在秋天居然紅了葉。直到暮秋，他才認清哪些是無用的植物，並使所有珍貴的草木得以保存。

講完故事，新主管舉杯說：「讓我敬在座的每一位！如果我們部門是一個花園，那麼你們就是其間的珍木，珍木不可能一年到頭總是開花結果，只有經過長期的觀察，我才能知道啊。」

正所謂「路遙知馬力，日久見人心」，管理者不能憑一時的觀察或看到的表象，確定一個部屬的價值，更不可憑第一印象妄下斷言。要想真正了解一個人，首先需要對其進行長時間的、持續的觀察，不隨意為對方貼標籤。

只有經過仔細的觀察，才能正確評估出一個人的價值，並交給他合適的工作。

現在，相當多的人才剛見面，就喜歡用「白領」、「小資」、「憤青」這些詞來給人分類，若仔細思量，我們很難用單一詞語完全概括一個人的本質特點，就比如我們不能用「善良」、「奸詐」、「開朗」、「悲觀」等某單一詞語概括出一個人的全部個性。

因此，我認為，管理者在管理中，首先要避免在第一印象的影響下，極其不客觀的評判一個人。

其次，要養成客觀全面的看待事物的習慣。當然了，相當多的管理者都知道客觀看待事物的重要性，但人往往很難避免主觀心理。就如同每個人都有自己喜歡的顏色與味道，人們對待人或者物也總是有所偏好。即便如此，你也要盡可能客觀的看待事物的本質，而不是將善看成惡，將品質低劣當成上乘。

最後，要養成知錯就改的良好習慣。人都難免會產生第一印象，正如上文中所說，我們並非心理醫生，更不是神探，因此，第一印象有所偏差是在所難免的。不過，一旦你發現自己對某個人，憑第一印象做出了錯誤的判斷時，你就要努力去重新看待這個人，在徵人時，要借助於客觀的面試標準，全面考察應徵者，如此才能挑選出適合的中階管理者。

一項調查顯示，**在管理過程中，七〇%的明星員工都是被平庸的經理逼走的**。

中階管理者是企業管理的關鍵，是組織發展壯大的基礎，因此，我認為，每一個希望企業迅速壯大的企業家，都必須高度重視中階管理團隊的培養。

03 有人拿錢不幹活，辭退他

閱讀帕金森定律時，我不時能感覺到它在管理上給我的啟發。在我看來，帕金森定律從不同角度提醒管理者如何成就傑出的管理，而不能把權力作為管理的唯一手段。

我發現，一些管理者在管理企業時，喜歡發揮權力調控企業內部的事務。儘管這樣的調控的確可以起到一定的作用，提升了部屬的執行力，但從打造企業文化和長期發展的角度來看，這種將權力當作管理手段的方式，不利於領導力的提升，會讓企業管理存在極大的隱患。

我有個朋友，是一家培訓學校的校長。學校剛創辦時，出於各方面的考慮，找了許多親朋好友做公司的管理人員。

創業初期，為了方便管理，朋友在深入研究各種管理學理論的基礎上，精心制定了極其細緻的規章制度，要求學校的所有員工都要遵守。為了規範學校員工的言行，還特地安排了督導，以監督培訓教師的工作品質。

學校創辦兩年以來，效益一直都很好。但是最近，朋友卻打電話向我吐苦水，說學校的管理出現了問題。對此，我並不驚訝，因為在這種家族式的小企業中，所謂的管理制度差不多都是為外人制定的，家族內的人很少遵守。比如我就曾多次聽到朋友的親友打電話跟她請假，聲稱家裡有事，無法去學校。但實際上，對方僅僅是不想起床上班。

就這樣，朋友錯將權力當作管理，原來制定的規章制度成了一紙空文。結果，學校的其他員工覺得不公平，於是慢慢出現了一些員工公開違反制度的現象。比如前段時間，學校的督導發現一些授課老師經常去外面兼職，有的老師甚至因此嚴重影響了本職工作。

當督導找這些老師談話，要按制度開除時，這些老師頓時不同意，集體找朋友抗議，質問她為什麼她的親朋好友就可以違反規定而不受懲罰。朋友陷入了兩難之中：開除的話，親戚也得受罰；可如果不開除，違紀老師的行為會留下不好的影響。

實際上，我這個朋友之所以會讓自己的管理處於如此尷尬的境地，就是因為她錯讓權力成為管理的唯一手段，忘記制度的重要性，讓自己陷入帕金森定律的泥淖之中。

其實不單單是我的朋友，我發現很多企業的管理者在管理時，也經常隨心所欲的濫用制度給予的權力，不遵守規章制度，也不按制度管理。這是對管理的一種破壞，是對制度的一種褻瀆，是對公正、公平的誤解。

究其根本，這種權力管理的方式其實就是一種人情化管理，它沒有制度化管理作為依據，單憑管理者的個人好惡，非常主觀，會在一定程度上助長部屬的惰性，讓部屬缺少相應的約束力及壓力，因此很難產生工作的動力。這是一種純粹依靠主觀意識的管理，不具備科學性和原則性，最後只會越管越糟。

那麼，該如何走出這種困境呢？

須知，沒有制度化管理，公司會失去存在的基石；沒有人性化管理，公司則會失去未來。制度化管理要體現人性化，這樣，人性化管理才能落實，制度化管理才能成功。

要實現傑出管理，管理者就要避免權力管理的誤區，注意在制度化管理中體現人性化，在實行人性化管理時，牢記制度應該是管理的最高境界，準確掌握好人性化管理與制度化管理結合之「度」。

具體方法如下：

第一，擺正企業與員工位置，牢記「員工也是上帝」的人性化管理理念。正是由於意識到員工的重要性，意識到員工的穩定與否、創造性的大小、素質的高低、凝聚力的強弱對企業的效益和發展的深刻影響，所以許多企業在管理中，將人性化管理放在了首位。

比如美國盧森布魯國際旅遊公司（Rosenbluth International）就在管理上標新立異、獨樹一幟，大膽的提出了「員工第一，顧客第二」的口號，並將其確立為企業的宗旨付諸實踐。這一管理思想讓該公司在短短的十餘年內，便躋身世界三大旅遊公司的行列。

第二，使用制度化管理的同時，不要忘了人性化管理，以激發部屬的工作積極性，培養部屬的企業歸屬感。

韓國精密機械株式會社實行了一項獨特的管理制度，即讓職工輪流當廠長管理廠務。

一日廠長和真正的廠長一樣，擁有處理公務的權力。當一日廠長對工人有批評意見時，要詳細的記錄在工作日記上，並讓各部門的員工傳閱。各部門、各車間的主管，得依據批評意見隨時改進自己的工作。這個工廠實行一日廠長制後，大部分當過「廠長」的職工增強了對工廠的向心力，工廠管理也成效顯著。

這種管理方式開展的第一年，就節省了三百多萬美元的生產成本，讓企業的每一個成員都更深刻的體會到，自己也是這個大家庭中的一員，且讓每一個成員都身體力行的做了一回管理者，不僅充分調動了他們的積極性，還讓他們從多方面看到了管理上的不足。

我從這個事例中獲得的啟發是，現代管理的重大責任，就在於謀求企業目標與個人目標相一致，兩者越一致，管理效果就越好。

為此，管理學家們常說：「上下同欲者勝。」[3]上述案例中的韓國精密機械株式會社，正是借助於一日廠長制度，將上下同欲的策略具體化，進而達到了管理目標。

第三，在人性化管理的同時，用制度約束人本身的惰性。須知，**人性化管理是在完善管理制度前提下的人性化**，它強調的是在管理中展現人文關懷，不讓管理變得冷冰冰的，但不是完全放棄制度的約束，更不是對部屬聽之任之，讓其為所欲為。

要知道，倘若一個企業沒有建立健全規章制度，與不斷改進激勵機制、培育良好的企業文化，那麼企業的員工就會陷入沒有人管、沒有工作壓力、沒有工作目標的狀態，極易產生惰性，失去工作的熱情。為此，要實行人性化管理，企業就要制定明確的規章制度，使部門主管監督得力，員工的工作合理安排，工作目標明確，並制定相應的獎懲制度。在制度的約束下，科學的管理，如此才能打造一個成功的企業。

第四，要注意在制度化管理的基礎上實行無情管理。所謂無情管理，實際上就是要求管理者學會無情。我之所以強調**管理者要無情**，是因為無情是管理者要達到的一種境界。在管理工作中，一個好好先生是無法得到他人的信任的。要獲得他人的信任，得依靠你的個人品行和能力。身為管理者，要獲得部屬的信任，那就要心甘情願的讓自己成為願意負責的無情之人，如此才能最大限度的做到人盡其才。

傳媒大亨魯珀克・梅鐸（Rupert Murdoch）可謂是無情管理的典範。他在管理上從不做好好先生，面對人、事的管理，向來都以成效為評判標準。

他認為，對人的管理應和對公司資產的管理一樣嚴格，否則不管是對人，還是對事業，都會造成不利影響。**如果有人用各種理由不幹活的話，就應辭退他。**

為此，他無情的開除了四十多位發行人員和編輯，其中就包括他父親最好的朋友，和美國最成功的編輯之一克萊・費爾克（Clay Felker）。然而他的這種管理方式，並沒有令部屬士氣消沉，反而激發出了部屬更多的潛能。

由此看來，**無情管理的本質就是強調在制度面前人人平等**，制度即管理，

3 指為了共同的目標上下齊心的人能成功。

管理唯制度，制度即文化。這樣的管理與管理者職位的高低、權力的大小無關，這樣的管理是公正、公平的狀態。

一般來說，在管理者中，職位越高，權力越大，但在無情管理的狀態下，權力越大則代表著公正、公平、合理的狀態越佳。但這並不代表缺少人性化，就本質而言，它和人性化管理異曲同工。

總之，對公司而言，沒有制度，公司就會失去存在的基石；而沒有人性化的管理，公司則會失去未來。

在競爭日趨激烈的今天，傑出管理的要義就是，將制度化管理與人性化管理結合起來，而不是讓權力成為管理的唯一手段。

04 允許部屬犯錯

在一項關於企業管理的調查中，其中一個問題為：「當你的部屬犯錯，你認為最有效的處理方式是什麼？」在參加此項調查的兩百名管理者中，有一百二十名管理者選擇了「嚴厲批評，以示警告」。而在另一項針對員工的調查中，當員工被問及「當你犯錯，你認為部門負責人什麼樣的態度讓你更容易接受、更有利於你工作的改進」時，七〇%的員工選擇「單獨的批評，善意的指導」。

從上面兩項調查中，我發現，在對待批評問題上，身為當事人的管理者和員工之間存在著明顯的差異。而這也正是在管理中，管理者的批評總是無法達到預期效果的原因之一。

那麼，這種無效批評背後的深層原因是什麼呢？我想到了管理學中的「波特定律」。這一定律指出，**當遭受許多批評時，部屬往往只記住開頭的一些，其餘就不聽了。因為他們忙於思索論據來反駁開頭的批評**。如此一來，管理者的批評就是無效的，反而會激起部屬的逆反心理。

同時，管理者對部屬的批評，源自於過度關注部屬的錯誤，讓部屬做事時如履薄冰，不敢嘗試。而對於一個企業來說，缺乏勇氣遠比犯錯更可怕，它會讓一個人故步自封，拘泥於當下，不敢有絲毫的突破和逾越。那麼，身為一名優秀的管理者，當部屬犯錯時，最好的做法是什麼呢？

第一，一起承擔錯誤。面對部屬犯的錯誤，很多管理者首先想到的是部屬的問題，因而指責部屬。總是認為既然是部屬犯的錯，部屬就應該承擔責任，而自己身為管理者，則無須承擔任何責任。

這樣的管理者不清楚的是，在你的部屬眼裡，當你面對他們的錯誤，一味的推卸責任，將問題全都歸咎於他們時，不僅降低了你的威信，還讓他們感受到你沒有擔當，以及身為你的部屬的孤立無助感。

事實上，身為管理者，必須清楚的認知到，部屬的錯誤就是你的錯誤，因為你既然是主管，即使不是直接的工作處理者，你最起碼也犯了監督不力或用人不當的錯。因此，錯誤怎麼可能只是你部屬的呢？

面對部屬的錯誤，最明智的選擇就是勇敢的和部屬一起承擔責任，首先承認自己的錯誤，接下來思考部屬犯錯的原因，是自己的指導不到位，還是因為其他原因。這樣，才能讓部屬佩服你。

第二，體貼部屬犯錯後的心情，讓其第一時間從你那裡獲得心理支持，這樣部屬會發自內心的感謝你，進而增加忠誠度，激發更大的工作熱情。

玫琳凱化妝品公司（Mary Kay）的創辦人玫琳凱・艾施（Mary Kay Ash）就是一位極具包容心與體貼員工的管理者。在面對犯錯的員工時，她的原則是寬厚待人，學會換位思考。

在她看來，當一件工作出了問題或做得不好時，最難受的其實並非管理者，而是部屬。因此這時管理者的工作就是幫助部屬發現問題，並改正它。正是由於這個原因，玫琳凱化妝品公司的員工滿意度相當高，每一名員工都賣命的工作，他們相信跟著如此寬厚的管理者工作，會過上幸福的生活。

第三，面對犯錯的部屬，領導者在對其加以評價時，要立足於對方能否從錯誤中得到成長，獲得教益，而非將錯誤當作部屬職業生涯中的不良紀錄。

西門子公司（SIEMENS AG）在對待員工的錯誤時，就秉持這樣的原則。西門子（中國）有限公司人力資源總監說：「我們允許部屬犯錯，如果那個人在犯了幾次錯誤之後變得『茁壯』了，那對公司是很有價值的。犯了一項錯誤後，在以後個人發展的道路上就不會再犯相同的錯誤。」在西門子，有這樣一句口號：員工是自己的企業家。這種氛圍使西門子的員工有充分施展才華的機會，只要是參與有創造性的活動，即使失誤了公司也不會責備。

第四，適時的批評和教育。在很多情況下，當部屬犯錯時，管理者不能視而不見，更不能一味的將就和袒護，而是要抓住時機，巧妙的批評和教導。如此一來，才能保持部屬的工作熱情。

我曾看過這樣一個故事：

一位演員在上臺表演前，助理告訴她頭飾戴歪了。這位演員點頭致謝，接著對著鏡子將頭飾整理好。等到助理轉身後，她又對著鏡子將頭飾弄歪。一個到劇組採訪的記者看到了這一切，不解的問：「妳為什麼又要將頭飾弄歪呢？」

這位演員回答道：「因為我飾演的是一位歷經生活磨難的女性，現在她經過長途跋涉到達了目的地。頭飾歪掉正好可以表現她的勞累和憔悴。」

「那妳為什麼不直接告訴助理？難道她不知道這是表演的真諦嗎？」

「她能細心的發現我的頭飾歪了，並且熱心的告訴我，我就一定要保護她的這種積極性，及時給她鼓勵，至於為什麼不當場告訴她，我想將來會有更多機會，可以下一次再說啊。」

這位演員並沒有因為助理看不出自己的用心而責怪她，相反卻對她的細心進行了嘉獎，可謂別具匠心。她的這種做法，不但能讓助理保持面對生活的熱情，還為後面自己的教導提供了契機。

其實，在管理中也一樣。當部屬犯錯時，比如不懂規定，冒失的採取了一些不利於公司的舉措，身為管理者，在知道部屬好心辦了壞事[4]的情況下，

4 一片好心去為人做事，結果適得其反。

最好的處理方法就是先不指出，而是肯定其動機中值得讚揚之處，然後再尋找機會委婉的向其講明其中的原委。如此一來，你的部屬就會從你的態度中獲得肯定，並得到成長。

因此，我給管理者的忠告是，在很多時候，當部屬犯錯時，管理者與其嚴厲批評，甚至將部屬罵得狗血淋頭，希望以此達到殺一儆百的效果，體現企業規章制度的嚴肅性，不如學會寬容部屬，設身處地替部屬著想，在批評的同時不忘肯定部屬的功績，化責怪為激勵，變懲罰為鼓舞，讓部屬在接受懲罰時懷著感激之情，進而達到激勵的目的。如此一來，不僅會使批評產生預期的效果，還能得到部屬的擁戴。

05 管理就是做決定

我曾看過一則新聞，說的是某知名作家去報社工作，結果沒幾天便主動辭職了。而他之所以辭職，並非因為他沒有能力寫稿子，而是因為他不懂怎樣把報紙辦得令讀者叫好，為此他感覺辦報紙比寫小說還累，遂回家繼續做自己的老本行——執筆寫小說去了。

事實上，我認為管理者在做決策時，也要具有上面這位作家雷厲風行的決策力，而不是像某些企業決策者那樣優柔寡斷，最終讓中間派占了上風，導致管理中出現中間派成為決策者的現象，從而阻礙企業的發展。

對於企業領導者來說，「管理就是決策」。無論是重大戰略決策還是高階主管的提拔任用，一切決策都會影響到企業的運作和發展。因此，衡量一名領導者成功與否的重要因素之一，就是他是否具有決策能力。所以這時候領導者做出正確的決策便顯得至關重要了。

一九二八年，由美國銀行家阿馬迪奥・賈尼尼（Amadeo Peter Giannini）控股的義大利銀行收購舊金山的自由銀行後，金融巨頭約翰・皮爾龐特・摩根（John Pierpont Morgan）懷疑賈尼尼企業想控制全美國的銀行業，於是借助美國聯邦準備銀行之手，使紐約義大利銀行的股票暴跌五〇%，加州義大利銀行的股票暴跌三六%。

獲悉這一消息的賈尼尼連忙趕回舊金山，召開緊急會議，尋找原因和解決辦法。

在會議上，賈尼尼的兒子瑪利歐（Lawrence Mario Giannini）主張出售義大利銀行的部分資產，然後再買回公開上市的股票，從而使義大利銀行由上市的公眾持股公司，變成不上市的內部持股公司，脫離華爾街的股票市場。這一想法獲得了其他董事的支持，大家都認為這是當時唯一可行的方法。然而賈尼尼表示強烈反對，認為這一策略過於消極，不利於公司的發展。

最後，討論陷於僵持之中，大家都沉默了，目視著賈尼尼，等著他拿出錦囊妙計。沒想到，賈尼尼沒有給出任何出奇制勝的計策，而是直接提出辭去銀行總裁一職。此話一出，舉座皆驚。以瑪利歐為首的董事會成員，紛紛勸說賈尼尼，但他堅持自己的觀點，且態度明確的表示，自己絕不會讓義大利銀行倒下！

於是，義大利銀行以賈尼尼辭職的方式向摩根示弱，讓對方放下了戒備。但實際上，瑪利歐等人根據賈尼尼的策略，很快到德拉瓦州註冊成立了一家新公司——泛美股份有限公司，並成為該公司最大的股東。接著，這家公司將正在暴跌的義大利銀行股票低價買進，由此挫敗了摩根等人欲置義大利銀行於死地的陰謀，而且讓義大利銀行得以發展壯大。

在這個案例中，在企業生死存亡之際，賈尼尼以極強的決策力和高瞻遠矚的氣魄，挽救義大利銀行於危亡之中，成為改寫美國金融歷史的巨人之一。

中國古語云：「將之道，謀為首。」意即傑出管理的首要特點就在於謀略，即決策。決策貫穿了管理活動的全過程。它是管理成功的重要前提，也是領導者管理意志的集中體現。要想成就傑出的管理，就需要管理者具備高超的決策力。

何為決策？決策即判斷，是領導者在各種可行方案之間進行選擇，甚至在無方案可選的情況下判斷和分析，進而做出決定的行為。

成功的經營取決於正確的決策，決策在管理中具有非常重要的地位。美國著名的管理學家赫伯特·西蒙（Herbert Simon）就曾經提出「管理就是決策」的著名論點。因此，一家**企業經營成功的關鍵就是做出正確的決策**。

日本索尼公司（Sony）開發了眾多著名的電子產品，其中就包括隨身聽。而隨身聽的誕生，就是源於索尼公司創始人之一盛田昭夫的決策力。

當初，盛田昭夫經過觀察發現，年輕人喜歡聽音樂，而且經常處於運動之中。於是，他萌生了製作一種方便隨身攜帶的產品，讓人們可以邊運動邊聽音樂的想法。

他認為任何市場調查研究報告也無法推測這種產品的成功，因為消費者不清楚何為可能。於是他果斷放棄用科學研究或民意調查，證明消費者會購買隨身聽的方式，選擇了聽從自己的本能，進而做出了生產隨身聽的決策。結果，他這一高明的決策，讓索尼公司獲得了巨大的成功。

這一故事說明，擁有高超的決策力是傑出管理者最本質的特徵。一個成功的企業，其管理者必須擁有高超的決策能力，如此方能做出更好的決策與判斷，並借助於決策力，發現其他實際或潛在競爭者無法發現的各種盈利可能性，並借助於自己的決策，將這種可能性轉為現實。

那麼，高超的決策力來自於何處？它源自管理者優良的決策基因。決策基因決定著決策者的綜合決策水準。

何為決策基因？它是由經驗、知識、資訊和思維方法構成的決策邏輯。經驗是決策者在長期實踐中獲得的知識或技能；知識是決策者把理論轉換為實務應用的能力；資訊是決策者透過觀察、溝通得到的訊號；思維方法則是決策者認識問題、分析問題的角度與思路。這四個方面共同作用，從而讓決策者做出更好的決策。

一位企業領導者的決策能力，對於一個企業的可持續發展起著至關重要的作用，因此，企業的管理者要多方面培養自己的決策能力，激發潛藏於內心深處的無限能量與智慧，進而成就傑出管理。

決策力在管理中的作用是毋庸置疑的，如果一個企業的領導者缺乏決策力，那麼其管理的企業就離被對手和市場淘汰不遠了。可以說，決策力貫穿整個企業的發展，決策的正確與否將直接關係到企業的生存與發展。因此，企業中的每個領導者都應重視對決策力的認識和提高，只有提升企業管理水準，企業才能在競爭中生存與進步。

當然了，高超的決策還要考慮到它的可行性，倘若無法執行，那麼任何決策都是沒有意義的。我認為下面這個小故事就說明了這一道理：

很久以前，一群老鼠吃盡了貓的苦頭，於是召開全體大會，商量對付那些貓的萬全之策，想一勞永逸的解決這一事關大家生死的大問題。

眾老鼠絞盡腦汁、冥思苦想，有的提議幫貓養成吃魚、吃雞的習慣，有的建議加緊研製毒貓藥……會上討論的氣氛可謂相當熱烈，不過這些方法都由於過於繁瑣，不具備可行性而告吹。最後，一隻老奸巨猾的老鼠出了一個主意：在貓的脖子上掛一個鈴鐺，只要貓一動，鈴鐺就會響，大家就能得到警報，躲起來。

此法簡單有效，獲得了與會眾老鼠的一致贊同。但到了選執行者時，場上陷入了可怕的沉默，不管是豐厚獎勵，還是頒發榮譽證書，均無法激起老鼠們踴躍執行的激情。

第三章

武大郎式的領導困境

01 格局，決定你的結局

記得很久之前曾看過一句話：「態度決定高度，高度決定視野，視野決定格局，格局決定結局。」此後在看身邊形形色色的人時，這句話不時浮現在我的腦海中。那麼何為格局？所謂的「格局」，就是指一個人做事的眼光、胸襟、膽識等要素的綜合體現。

W是某明星大學的畢業生，畢業後在一家公司工作了十年之久。十年期間，許多同事都升職了，甚至幾個後來者成了他的主管，而他仍是一個普通員工。論工作，他很努力，不過他有兩個大問題：一是愛貪小便宜，二是肚量太小。

說他貪小便宜，這是有實例的。公司休息室裡有點心和各種飲料，他就從不吃早餐，刻意到公司來吃這些茶點。甚至有人發現他竟然從休息室裡拿紙巾，放到自己的辦公桌上用。更可笑的是，他每次下班前都要到茶水間裝上滿滿一杯飲料，在下班路上喝。

說他肚量小，是因為他經常占公司的小便宜，還怕別人說。一次，一位同事實在是看不下去了，就調侃了他幾句，結果他當時沒說什麼，之後經常找碴，故意在工作時為難對方。

W就是典型的格局太小。這樣的人最終會因為自己的格局太小而發展受限，因此謀大事者必定要布大局。於管理者而言，要做好管理，首先就要布好局，培養自己的領導力格局。

所謂領導力格局，就是一種以大視角看待事情，力求在做事、做人時站得更高，看得更遠，想得更深。它決定著事情發展的方向。那麼，如何判斷一個人是否具有領導力格局呢？

第一，要看一個人在做事時是否有擔當，是否具有責任感。一般來說，凡是真正有大格局的人，都具有全域觀，不會僅為做事而做事，而是在做事時，考慮到各方面，從而達到見微知著的目的。

一位老木匠要退休了。老闆找到他，要他在半年之內幫自己到某處清靜之地修理一幢房子。老闆沒提任何要求，只是要他認真修理，確保品質。老木匠先是用一週的時間細細研究這幢房子，再到建材市場上考察了一番，然後回來找老闆彙報自己的裝修計畫。老闆搖搖頭說：「你看著辦就行，我相信你！」於是，老木匠就開工了。

半年後，老木匠請老闆來驗收房子。老闆來到這幢閒置了許多年的房子前，看到房子一改從前荒涼的樣子，不但該加固的地方加固了，而且原來的一些老物件也被充分的利用。更加難得的是，老木匠還在房子前後各修理了一座寬闊的庭院。前面的作為茶室，裡面放著做好的茶桌和茶椅；後面的作為果園，還在其中種了不少果樹。

老闆看後，十分滿意，問老木匠為什麼沒把那些老物件換成新的。老木匠笑著說：「那些老物件雖然看起來老舊，但都是一些難得的好東西，品質上乘，做工極好，與其花錢買新的，不如修理一下繼續用。省下的錢，用來修理前後庭院、購買果樹。果樹幾年後長高結果，老闆你可以在勞累時摘果、吃果，放鬆休息。」

老闆聽到這裡，滿意的點點頭。隨後，老闆感謝老木匠的用心，同時鄭重的告訴他，這幢房子就是自己送給他的養老之所，以感謝他多年來為公司做的貢獻。

這個故事相當具體的說明了是否具有大格局，決定了做事的風格，也決定了一個人的結局。因此，身為管理者，要培養自己的領導力格局，讓自己具有責任心和擔當，因為**一個人越有責任心，就越堪當大任**。

第二，要看一個人面對挫折的態度。一般來說，真正有領導力格局的人，在遇到挫折和困難時，不是一味的發怒或自暴自棄、自我沉淪，而是能以客觀的態度分析問題，能整合身邊的資源解決問題，因為他們清楚挫折和困難是通向成功的第一步。而心理學研究也表明，我們做事時的態度影響著我們做事的成功率。

因此，真正有大格局的人，不會因為挫折和困難選擇放棄，而是會勇於戰勝挫折與困難，積極探索更多的可能性，不斷磨礪自己，增強自我體驗，進而達到人生的頂峰。

第三，要看一個人在面對批評與指責時的態度。真正有大格局的人，能坦然面對他人的指責與批評。心理學研究顯示，防禦意識是人內心的本能，在一般情況下，當人感受到來自他人的侵犯（不管是言語還是行為上的侵犯）時，都會下意識的做出反擊。而這種反擊就可以看出一個人的格局。有領導者格局的人不會在這種情況下與他人針鋒相對，更不會失態的大打出手，相反，他們會採用所謂的「綠燈思維」思考問題。

何為綠燈思維？它是指以積極的心態面對他人的批評和指責，反思自己的問題，從而提升自己。這種思維方式利於提升一個人的能力，能幫助一個人成就自我。這種思維是建立在清晰的自我認知基礎上的，是高度自尊的展現，更是理性處理問題的表現。

第四，要看一個人對事物的看法。一般來說，從一個人對事情的看法，可以看出一個人是否有見識。正所謂「站得高，看得遠」，一個有格局的人能不拘泥於眼前的事實，能從更高的角度，用更新的思維解決問題，將事情放在時代背景和時間座標上分析，從而得以窺到事情的全貌，進而認清事情的利弊。

總之，真正有格局的領導者，不會讓自己陷於帕金森定律的陷阱，能提升自己的格局，創造屬於自己的無限可能，從而以出色的管理，贏得事業和人生的成功。

02 團隊利益高於個人私利

前幾天我和一名培訓師聊天，他提到在一位客戶那裡做完培訓後，和一同參加的部門經理一起聊他們當下的工作。他說他發現每個部門經理都把自己當作這個企業的建設者，並且都認為自己為這家公司，做出了巨大的犧牲和非常大的貢獻。

但是，當他和老闆聊天時，老闆卻認為自己的團隊一直缺乏鬥志，總是出工不出力，就算自己為團隊成員提高了待遇，也只能讓他們的工作狀態好轉一段時間，不久又會恢復到以前的狀態。最讓這位老闆生氣的是，在遇到困難時，這些部門經理不是先想辦法解決問題，而是想著跟公司談條件，保護自己的利益。

實際上，困擾這位老闆的問題就在於其團隊缺乏正能量，即團隊的部門經理多是私利的追逐者，而非企業的建設者。有這樣的中階主管，其領導的團隊氛圍也就可想而知了。

吉姆是某公司負責生產線的高級經理。老闆創業時，吉姆就追隨著他，如今公司發展壯大，吉姆也成了資深經理。然而，雖然公司壯大了，但吉姆的管理方式卻沒有隨之提升。他一直沿用以前粗魯、暴躁的工作風格，對於自己的團隊成員，始終要求滿載前進，一旦他認為哪個員工「跑得太慢」，就透過「鞭打」（批評、諷刺，甚至懲罰）的方式來管理，以達到他所期望的結果。

當然，這種想法和做法也確實幫助吉姆完成了每年的工作目標。然而長期下來，老闆發現，吉姆的部屬在工作時陽奉陰違。吉姆在時，他們好像幹勁十足，但細看會發現，他們只是用了七八分力氣；吉姆不在時，他們懶懶散散、得過且過，甚至有一次吉姆出國半個月，部門當月的目標竟然險些沒完成。老闆責成人力資源部門調查後發現，員工出現這樣的問題，是因為吉姆的領導風格。

吉姆在管理上，只關注部門任務的完成情況，只要部屬完成了任務，他不在意其他任何情況，甚至都不關心部屬的成長。可以說，他是一位典型的私利追逐者，關注個人利益遠勝於公司的發展和部屬的成長。

吉姆的故事先告一段落，接著我們來做一份問卷，進行一次自我測試：

- 你會鼓勵並幫助他人參與你替自己選擇的專業技能提升活動嗎？
- 願意犧牲自己的時間培訓他人，以便讓其更能勝任工作嗎？
- 是否在完成專案過程中尋求過幫助，並在得到表揚時與幫助過你的人分享榮譽？
- 發自內心的願意幫助他人建立自信嗎？
- 遇到問題時，你會先尋找解決問題的方法，而非責備對方嗎？
- 當有人帶著問題來找你時，你會少說多聽嗎？
- 你會與周圍的人分享新知識與資訊嗎？

• 你會為了幫助周圍的人能更好的做好手頭的事，而尋找更多方法嗎？
• 出現問題時，你承擔責任的速度與程度，與你享受榮譽時一樣嗎？
• 你為他人做事時，是不求回報的嗎？

如果對於上述問題你給出的答案皆為「是」，那麼你就是一名真正的建設者，意味著你在面對問題時，選擇積極處理問題，從而為打造具備正能量的團隊增加了可能性；倘若你的回答有一部分是「不是」，那你或許存在抑制自己團隊中的正能量的趨向；如果你的回答大部分，甚至全部是「不是」，那麼你就是一個道地的私利追逐者。而且，你甚至不曾意識到，自己早已給團隊裡的人帶來了消極影響。

總之，不管你是一名建設者，還是一名希望有所改變的私利追逐者，最為可貴的是，你已經發現了問題，接下來就是解決問題，避免讓你所在的團隊陷入帕金森定律的泥淖。

針對吉姆的問題，老闆請人力資源部門配合，在公司高階管理者中進行了調查，隨後邀請我的培訓師朋友所在的公司，為其中階主管進行培訓。在培訓期間，伴隨著團體活動、個人成長等一系列活動的展開，吉姆慢慢意識到了自己的問題。

要知道，他當年可是和老闆一同打拚過來的，能力毋庸置疑。半年的培訓活動結束後，吉姆身上發生了巨大的變化。他開始樂於傾聽部屬的想法，遇事徵求部屬的意見，並且在工作過程中及時回饋資訊，讓部屬清楚當前的工作進展。

最重要的是，吉姆變寬容了。部屬出錯時，他雖依舊不袒護，但能機智、有原則的給予糾正，引導部屬找到問題的根源，讓部屬獲得提升。在吉姆不斷改善管理風格的過程中，一支具有正能量的團隊打造出來了，部門員工的面貌煥然一新。

管理者如何提升自己的領導力，打造一支正能量團隊，從而讓自己成長為一名建設者，而不是私利追逐者呢？

首先，管理者要給部屬足夠的安全感，關注團隊中的每一個成員，為其工作創造一個和諧的環境。管理者要清楚，正能量存在於人的內心，無法被生產，也無法被強求，要打造一支正能量的團隊，就需要團隊的每一個成員都釋放出內心的正能量。因此，管理者首先要創造一個好的環境，讓成員獲得足夠的安全感，對成員提出合理的要求，從而使之自覺迸發出珍藏在心中的正能量。

管理者要認知到，不同的團隊成員在面對不同環境時，會有不同的反應，因此要借助各種主客觀條件吸引成員，激發其內在熱情，主動參與團隊的活動，從而在活動中釋放正能量。

鑒於此，領導者要為部屬正能量的迸發創造好的環境，讓其工作的空間裡充滿成長的養料[1]，從而使其獲得對環境的優先選擇權，主動成長，進而迸發內心能量。

其次，管理者要提升自己的人格魅力，讓自己成為一名出色的團隊建設者。大量事實證明，只有團隊建設者方能成功的打造一支擁有正能量、做事

1 泛指富有營養的東西。

高效率的團隊，而追逐私利者極少能獲得成功。這是因為，團隊建設者能積極的培養部屬，幫助部屬進步或學會新的技能。他們心繫團隊，把團隊的發展藍圖裝在心中，並確定努力的方向。他們時刻思考著，如何幫助自己及其他團隊成員成長。

相反的，追逐私利者儘管也希望團隊能夠成功，但他們的出發點主要是為了實現個人目標，或許他們在某些時候會比別人先達到自己的目標，或許他們也會盯著團隊的藍圖，但目的卻是明確個人的發展目標。因此，當這樣的管理者管理團隊時，其團隊的積極性就會降低。

上述案例中的吉姆就是很好的例子。當然，或許有人會認為在這樣的管理者的管理下，其團隊的工作效率也同樣會提高，但這種效率的提高是源於成員內心的恐懼，而非受到內心的正能量驅使。這種提升因為缺少了提高效率的動機，所以不可能持續，最終會讓團隊成員失去工作動力，使整個團隊怨聲載道。

由此可見，團隊建設者在管理團隊時，應多借助包容、激勵、指導、表揚等手段，讓部屬獲得提升，使之產生團隊歸屬感，從而迸發出無限的正能量。而私利追逐者在管理團隊時，多是用批評、指責來「鞭笞」他人，從而讓部屬不斷品嘗挫折與失敗，進而喪失自信心，直至失去前進的動力。

身為管理者，若想打造一支具有正能量的團隊，就要先從自己做起，做一名樂於付出、以身作則、不計回報的團隊建設者，如此方能成功。

03

一個好漢三個幫

在現實生活中，我們會發現一個現象：領導者往往喜歡任用那些學歷比自己低的部屬；在討論工作時，他們也喜歡和學歷比自己低，或能力比自己差的部屬討論，而不喜歡和學歷比自己高或經驗豐富的部屬討論。

倘若恰好手下有學歷和經驗均超過自己的部屬，且那人極其喜歡表現自我，那麼大多數領導者會對其進行各種形式的打壓，或為其升職設置重重障礙，抑或是為其準備各種類型的「小鞋」，直至對方不得不捲鋪蓋走人。

出現這種現象的原因是什麼？那就是領導者缺少容人的雅量，不敢起用比自己有能力的人。因而在人才運用上陷入帕金森定律的泥淖，採用了「武大郎式」[2]的用人政策，進而導致團隊戰鬥力差，工作效率低。

相當多的主管因為擔心自己的部屬過於「能力出眾」，會將自己置於相對尷尬的境地，從而影響自己的威信，甚至影響自己的前程和發展。因此，在人才聘用上，大都任用一些與自己相似，或者不如自己的人，或在聘用後，採用各種方法和手段使對方臣服於自己。

凱恩在三十五歲時，創立了自己的公司。雖然公司只有二、三十人，但畢竟是自己的公司，凱恩工作起來也格外用心，將重要客戶都抓在自己手中，凡事親力親為。

一段時間後，公司業務開展得很順利，凱恩感覺自己有些力不從心，打算招募一名銷售總監。為此他委託某獵頭公司幫自己物色合適的人選。獵頭公司先後向凱恩推薦了幾位銷售精英。但奇怪的是，這幾個人在凱恩的公司工作了三個月後都選擇了主動離職。獵頭公司的招募專員因此大受打擊，於是特地到凱恩的公司與其面談，以了解情況。

2在職場上，武大郎是用來形容故步自封卻又不願意提拔部屬，或是強壓部屬能力的主管。

一番交談下來，這位招募專員明白了，並不是自己推薦的人不合適，而是因為這些人無論在哪一方面，都或多或少的勝過凱恩。這讓凱恩感到極度不安，徵人的事最終不了了之。

後來，凱恩終於找到了一位銷售總監，這位總監的優點是肯聽話，缺點是能力不足。結果就是凱恩比從前更忙了，除了忙自己手上的事，還需要不時幫這位銷售總監救急。年底時，凱恩看著會計送來的報表，發現公司的整體利潤竟然還不如上一年。

為什麼增加了人手，業績反而下降了呢？其根本原因在於凱恩的用人策略上，出現了「武大郎式」的問題，一味的任用比自己差的人，結果出現了人才任用的惡性循環，進而影響了公司的業績。

在管理中，一個處處提防部屬能力強於自己的管理者必定不會走太遠，因為他更關心的是自己的地位受到威脅，更加關注自身的光環是否耀眼，而忘了一顆星再亮，也無法和閃耀的群星相比。

這讓我想到了美國南加州大學（University of Southern California）名譽校

長史帝芬・山普（Steven B. Sample）在《領導人的逆思考》（*The Contrarian's Guide to Leadership*）中提到的「哈利規則」。依據這一規則，倘若一個企業最高領導者的綜合能力僅為九〇%，那麼其將僱用相當於自己能力九〇%的人，也就是說這些人的絕對能力為八一%。以此類推，那些絕對能力為八一%的人所僱用的人的絕對能力就會降為六六%。到了企業第四層，雇員的綜合能力絕對值只有四三%。

這一遞減式的資料，不但解釋了上述案例中凱恩公司出現的問題原因，也極其明確的提醒我們，身為一個領導者，如果不能任用比自己能力強的人，那麼整個管理團隊的綜合能力將會下降。

然而在現實工作中，我很驚訝的發現，很多領導者並沒有成功的避免這種人才任用情況，部屬都成了「武大郎」，只是因為他們潛意識裡不自覺的對那些比自己更聰明、更有學識的人才存在排斥心理。

俗話說，「一個好漢三個幫」，**一個人要想成功並非一定要其本人足夠優秀，重要的是要看他的周圍是否有優秀的人才**。而這一點，對於管理者尤其重要。因此，細數一下那些真正的成功者、真正優秀的領導者，他們懂得欣賞比自己更有才華的人，並想辦法把他們招募到自己身邊。

蘋果創辦人史蒂夫・賈伯斯（Steve Jobs），在管理、技術、運營、設計等方面或許不是最厲害的人，不過他的公司裡卻人才輩出，既有公關奇才里吉斯・麥肯納（Regis McKenna），也有運營高手提姆・庫克（Tim Cook），還有設計天才強尼・艾夫（Jony Ive）。可以說，蘋果能夠在短短的幾十年中發展成為世界上傑出的ＩＴ企業，並一度成為世界上市值最高的上市公司，是集體合作的成果。而這些優秀的人才之所以能聚在這裡，原因就在於賈伯斯伯樂式的人才任用領導力。

不僅賈伯斯，現代商界中許多傳奇人物的成功，也源於他們伯樂式而非「武大郎式」的用人策略。比如聯想集團創始人柳傳志、華為創辦人任正非，以及日本經營之神松下幸之助。松下幸之助在接受某記者採訪時，針對「成為經營者的條件是什麼？」這一問題，給出的答案是，「善用能力比自己優秀的、和自己天分不一樣的人才。」

由上面的內容可知，領導者要有任用比自己出色的人才的胸懷和氣度。要勇於任用有特殊才能的人。誠如領導力大師約翰・麥斯威爾（John C.

Maxwell）博士所說：「**一位領導者的職責不是無所不知，而是能夠把那些能『知你所不知』的人才吸引到麾下。**」正是由於這些人是「知你所不知」的人才，才恰好可以補你的不足，幫你將想法變為現實、幫你創造財富、助你成就你的夢想、助你實現你的目標，將企業推向成功。

04 跟任何人都能打好關係

所謂人文力，即關係力，就是成就事業所必須具備的良好的社會關係網。我們知道，人是社會的產物，一段成功的社會關係可以讓我們做起事來事半功倍，相反的，一段失敗的社會關係或許會在我們做事時，多出許多阻力和障礙，讓我們舉步維艱。

然而在現實工作中，一些人對於維護身邊的各種關係並不在意，永遠保持清高孤傲的態度，將維持好身邊的關係，看作一種世俗的處事態度。但他們忘記了，人生在世，要想過得愉快，就要處理好自己與身邊人的關係。尤其是身為管理者，更要注意提升自己的人文力，處理好身邊的各種關係，讓各種關係成為自己的管理助力，從而提升自己的領導力。

實際上，領導力就是一種關係。身為領導者，要處理好與上下級之間的關係、公司與客戶之間的關係、個人和公司的關係……凡此種種，無不需要提升人文力。

那麼如何提升人文力，處理好周圍的各種關係呢？我個人認為，這就需要我們清楚的理解人文力的含義，認知到人與人之間的關係是不一樣的，明確提升目標，進而在面對不同的群體時，採用不同的方式處理人際關係。這樣才是聰明的做法。

人文力主要包括社會洞察力、服務意識、激勵自己和他人的能力，以及團隊協作能力，從而建立並維持好人際關係。

第一，培養社會洞察力。所謂社會洞察力，是指觀察他人的情緒和反應，並據此改變自己行為的能力。我們平時所說的察言觀色，實際上就是這種能力。比如你正在和人聊天，對方突然悶不吭聲，情緒變得低落，你卻還在滔滔不絕，那麼此時對方就會認為你只顧自己，不考慮他人的感受，或許就會慢慢疏遠你。

倘若你洞察力強，那麼就會及時察覺對方情緒的變化，及時中止聊天，回憶自己說的內容，是不是有某句話中傷了對方，或是勾起對方某種不好的回憶，接著再想方設法幫助對方解決問題，從而使他從不良情緒中走出來。這樣一來，對方就會感受到你的關心和關注，自然願意與你交朋友。

因此，身為領導者，要培養自己的社會洞察力。當然了，洞察力的培養除了需要我們不斷提升個人閱歷之外，還需要我們在遇到問題時，集中注意力去反覆認真思考，從而做出正確的分析和判斷。

因此，平時不妨訓練自己集中注意力思考問題、處理事物。當我們接觸的事物、處理的問題多了，一旦再遇到類似的事情，就可以瞬間明白其中的道理，看穿事情的真相。

第二，要提升自己的服務意識。所謂服務意識，就是能設身處地的站在他人的角度考慮問題，並且熱情助人。一個人必須認知到，你幫助了別人，當你遇到困難時，別人也會很樂意幫助你，好的關係就是這麼建立起來的。

因此，管理者千萬要避免陷於高高在上的心態，要俯下身子，培養自己的服務意識，尤其是面對部屬時，要多考慮部屬的感受，這樣可以促進良好的上下級關係形成，從而提升自己的領導力。

第三，要提升激勵自己和他人的能力。此能力是一個人良好心理素質的體現，更是一個人身上具有正能量的體現，也是打造一支高效團隊的重要能力。不過，我認為，想要激勵他人，就一定要先學會激勵自己。須知，會激勵自己的人一般樂觀自信，心懷遠大理想。正所謂「你處在什麼樣的圈子，你就是什麼樣的人」，只有成為一個發光發亮的太陽，才能吸引一群向陽的人，才能給他們光芒和希望，才能在照亮他人的同時，也照亮自己。

第四，團隊協作能力。我在第二章就談過，在如今這個社會，一個人單打獨鬥是行不通的，管理者只有學會與人合作才能勝任，才能走得更遠。這就要求管理者要提升自己的團隊協作能力。

總之，當管理者提升了以上各項能力，其人文力自然可以得到提升。由此就可以如魚得水的處理不同的關係，從而為自己的管理加分。

05

身邊要有異己分子

一般來說，**團隊的領導者可能不是最有能力的那個人，但一定是最善於與人合作，能體諒、包容別人的那個人。**而與人合作，體諒、包容別人，也是卓越領導力的表現之一。

中國古代哲學家荀子曾說：「人，力不若牛，走不若馬，而牛馬為用，何也？」意思是雖然人的力氣比不上牛，跑起來比不上馬，但牛馬都為人們所用。我認為這句話道出了卓越領導力的突出特點，那就是能與不同的人合作，協同一切可以協作的力量，為企業的發展做出貢獻。

具有這種卓越領導力的人，深諳比爾．蓋茲（Bill Gates）所說的「**一個人永遠不要靠自己一個人花一〇〇%的力量，而要靠一百個人花每個人一%**

的力量」這句話的含義，因此願意且積極與比自己有才華、有能力的人共事。他們以擁有這樣的上司或部屬而驕傲，為能與這樣的人共事而感到高興，因為在他們看來，這樣的人是促使自己成長的良師益友，自己能從這些比自己優秀的人身上吸收各種營養，快速成長。

論學歷，傑克在公司裡絕對不是最高的，僅僅是大學畢業；論專業技術，他也不是公司裡最好的；論資源，他不是公司裡人脈最廣的人。然而就是這樣的一個人，竟然在這家大型企業裡，一直穩坐管理之位。許多人對此不解，但當他們與傑克合作一段時間後，就不由得連連讚嘆傑克的情商之高、領導力之強。

傑克的聰明表現在他可以與不同的人合作，可以整合身邊的多種資源，包容性極強。比如部門的司機小王因父親生病住院，到了山窮水盡的地步。傑克知道後，不但慷慨解囊，而且主動介紹醫生朋友給小王。技術員小張為人清高，但傑克總願意接近小張，請他幫自己處理電腦問題，一來二去，小張也願意與傑克聊天，幫傑克做事。後勤部的張總傲慢不遜，許多中階主管都與他合不來，但傑克每次見到張總，都笑容滿面，與他恰到好處的交談。就是這些不同的人，在傑克的協調下，完成了公司一個又一個專案，而且在工作中各顯神通，有力的出力、有資源的找資源、有技術的獻技術。

著名領導力大師華倫·班尼斯（Warren G.Bennis）說過：「一個領導者要想迅速沒落，最快的辦法就是讓自己被一群只會附和的應聲蟲包圍。」而這句話也被美國聖塔克拉拉大學（Santa Clara University）教授詹姆士·庫塞基（James M. Kouzes）和貝瑞·波斯納（Barry Z. Posner）的研究所證明。

這兩位研究者在《留下你的印記》（*A Leader's Legacy*）一書中提到了一項研究成果：當每個人都表示同意時，尤其是為了顧及大家的面子而表示同意時，我們就不可能得到最好的結果。為了證實這一論點，專案組的研究人員籌組了五十組學生模擬謀殺案。他們發現這些人當中，具有多元社會背景和經驗的人最有可能破解案件，而由類似背景的人組成的小組，不僅容易出現錯誤，而且更容易堅持錯誤。

這一科學研究成果證明了班尼斯的觀點：**倘若一個人的身邊總是聚集著**

一幫僅會隨聲附和的人，那麼這個人做事的失敗率便會提高。

然而在現實生活中，太多的管理者喜歡處於他人的追捧之中，很容易因為他人的讚美而忘乎所以。這讓他們極難超越自己，也不願意聽到自己的身邊出現不和諧的聲音。為此，就出現了我在前文所說的「武大郎式」的管理者。所以，那些極具包容之心，可以與不同的人合作的領導者，真的是令人佩服的傑出管理者。

這些傑出的管理者願意聘用比自己更聰明、更有能力的人，也願意聘用那些喜歡與自己「唱反調」的人，因為他們清楚，儘管這些「反對的聲音」會讓自己「不舒服」，卻可以讓自己保持一份難得的清醒，以免自己做出錯誤的決策，引發巨大的災難。

中國地產巨頭萬科創始人王石對待前高階主管馮佳的方式，就體現了一位卓越的管理者的包容性。馮佳原是西南財經大學的一名碩士生，一九八〇年代以才子的身分進入萬科。馮佳長得一表人才，但平時卻總是喜歡和別人對著幹，什麼意思呢？那就是他喜歡正話反說，別人說黑他就說白，別人說紅他就說綠。在高階管理人員討論專案時，大家都相當看好的案子，他一定說不好；當大家一致認為該放棄某個專案時，他又堅持主張不放棄。

就是這樣的一個人，在王石的包容下，得以在萬科「三進三出」。而其中的原因就是在王石的心目中，馮佳就是現代企業管理中的「鯰魚」[3]，他可以讓企業的決策者聽到不同的聲音，讓決策更科學。

一個聰明的管理者知道，就算自己很聰明，也很有能力，但每個人都有自己固有的思維模式，肯定也有自己的知識盲區和能力盲區，倘若能包容他人，就可以讓自己身邊多幾種不同思維、讓自己看到問題的另一面、發現自己思維上的盲點，從而讓自己做出更正確的決策。

美國著名企業家李．艾柯卡（Lee Iacocca）在《領導人都到哪裡去了》（*Where Have All the Leaders Gone?*）一書中說：「我在商界學到的最重要的教訓就是，如果你的團隊只有一種意見——而且通常就是你的意見，那你就應該警惕了。畢竟，你不用花一分錢就可以知道自己的意見，何必花那麼多薪水聘請一群和你意見一致的部屬呢？」因此他和王石一樣，總是在身邊保留一些「異己分子」，以時刻提醒自己。

當然了，有才華的人都有脾氣，因此卓越領導者的領導力就表現在，不但能在身邊找到不同人才，還能很好的駕馭這些人，讓他們與自己的團隊保持相同的價值觀，進而使自己成為威爾許所說的「一隻能下金蛋的鵝」[4]，而不只是「一隻會叫的鵝」[5]。

3 在管理學上，是指「在一個停滯不前的組織或產業中，刻意引入具威脅性的競爭對手，藉以刺激原有成員積極奮發」。

4 評斷領導者能力的依據，不是評估他們個人產出的多寡，而是看他們招聘、教導和激勵部屬的能力而定。當你聘請到績效頂尖的人才，釋出他們的活力，你看起來也會神采飛揚，像是一隻會生金蛋的鵝。

5 出自《莊子．山林》，比喻有用處。

06 勇於承認部屬比自己強

朋友方元在一家公司做銷售主管。因為業績突出，半年前升為銷售副總監。方元是從底層做起來的，深諳激勵員工的方法，因此經常提出一些極好的點子，又願意和員工聊天，深得員工的喜愛。在他升任副總監後，和總監李強通力配合，員工的工作積極性得到激發，公司的銷售業績也越來越好。

後來，總監李強到國外進修，公司又下派了一位叫高勃的總監。高總監是一個嫉妒心很強的人，他認為方元在公司裡根基深，業務能力比他高，自己新上任，在公司裡就相當於被方元給架空了，這會嚴重影響他的威信。於是，高總監在工作中經常搞小動作，讓方元的工作無法順利進行。他還經常找藉口要方元出差，並在方元出差期間，提拔了一批對他言聽計從的人到重要的銷售崗位。因此，公司裡人心不穩定，不少能力強的業務人員乾脆跳槽到其他公司去。結果到了年底，公司的業績下降了九％。

在現實生活中，類似於高總監這樣的管理者並不少見，我就經常聽到身邊的朋友抱怨遇到了嫉賢妒能的主管，義憤填膺的控訴主管對自己的不公平待遇。

事實上，人們都存在著不同程度的嫉賢妒能的心理。從心理學角度分析，這是人際關係中個體極易存在的心理現象。就本質而言，這種心理就是指極力將他人的優越地位加以排除或破壞，從而消除自己擔心他人超越自己的恐懼心理。在人類的七情六欲之中，這是一種相對較頑固、持久的心理。因此，古人說：「嫉妒心是不知道休息的。」

從某種意義上講，嫉妒是推動競爭的一種原動力。它會促使人不斷提升自己，不斷進步。這是因為就本質而言，每個人都或多或少存在自戀心理，每個人都是希臘神話中，那個愛上自己水中倒影的美少年納西瑟斯（Narcissus）。因此，在人際交往中，我們往往都先專注於自己的成功。倘若自己沒有獲得預期中的晉升、表揚或獎勵，但是他人卻獲得時，我們就會感到擔憂，由此產生嫉妒心理和不安感。

在大部分時候，這種感覺並非壞事，甚至會激勵我們更加努力的工作，以改善自身的現狀。這正如小孩子一旦發現媽媽誇別人的畫，畫得比自己的好，就急忙拉著媽媽看自己的畫一樣。不過要注意的是，一旦這種心理的程度加重或扭曲，就會對自己和他人造成困擾。

就像前面所提的高總監，他的嫉賢妒能心理不但傷害了他人，損害了公司的利益，實際上也傷害了他自己，因為身為銷售總監，是要對公司的銷售業績負責的。

當今社會是一個協作的社會，要求團隊成員具備協作精神。一個管理者一旦存在嫉賢妒能心理，就會成為團隊合作中的一大障礙。這種心理會在團隊內部形成一種內耗症，分散「合力」的凝聚力，削弱團隊的戰鬥力，耗盡團隊成員的精力，最終「人心散了，隊伍不好帶」了。

相反，一個真正成功的管理者，總能以寬宏的心胸對待身邊的人，發現並包容人才，在助他人獲得成功的同時，也讓自己獲得成功，這並不是因為他們沒有嫉妒心理，而是他們能利用這種心理機制，清楚的認知到，最好的提升來自於與自己的競爭。

美國加州大學（University of California）查理斯・加菲爾德（Charles Garfield Ph.D.）教授在關於成功因素的調查中發現，那些成功者的身上都具有一些共同特點，**與自己競爭而不是與他人競爭**是其中重要的一點。這些人總是與自己比較，盡自己所能將事情做好。他們喜歡集體協作，懂得集體的智慧才是解決棘手問題的靈丹妙藥。他們極少去考慮如何將競爭對手打敗。因為他們清楚，一個總是怕他人超越自己的人，會投入過多的精力在他人身上，過分關注得失。而一個人一旦得失心過重，就只會替自己設下成功的障礙，這樣怎麼可能獲得真正的成功呢？

因此，一個具有高超領導力的管理人員，清楚嫉賢妒能會有意無意的導致破壞性行為，深知團隊裡的某個人成功，代表的是團隊的成功，因此他們能站在組織層面思考問題。

當然，管理者也是人，也有人的情緒情感。他們一旦意識到自己產生了嫉賢妒能的情緒，會在認同並接納自己這種不良情緒的同時，讓自己的心態保持平衡，同時提醒自己這種情緒情感的危害性，意識到它會對自己的管理工作產生極大的負面影響，進而調整自己的情緒，以積極的態度對待手下的賢能，為他們提供施展才華的平臺，從而提升團隊的創造力和工作效率。

如何讓自己的心態保持平衡呢？我認為，首先，管理者要拋開那種高高在上的心態，認為部屬一定要不如上司的固化心理。實際上，每個人的能力不同，擅長的事情也不同，倘若管理者認定部屬一定要不如自己，那麼這種管理心態就會借助於管理行為，變成團隊的一種理念和文化，從而陷入帕金森定律的泥淖，出現每一級的管理者都只願意管理不如自己的部屬，進而讓團隊的基礎越來越薄弱，最後造成真正執行的員工是團隊裡能力最差、經驗最少的人。如此一來，團隊就無法在激烈的競爭中得以生存。

其次，管理者要培養自己的大格局，要認知到自己的部屬超越自己，屬於「雛鳳清於老鳳聲」[6]，部屬的出色正說明了自己的能力，培養出優秀的部屬可以為團隊帶來更好的效益。同時，管理者要勇於承認部屬在某些領域的確是超越自己的，要對他們的超越精神予以鼓勵和認同，並對他們的成果加以利用。

這樣的做法，一方面會讓部屬獲得成就感，自我價值得到肯定，另一方面，可以提升團隊管理效果，讓團隊成員意識到優秀的人才是能得到認可的，從而爭相提升自己的能力，以積極的態度投入提升能力和業績的努力中。這才是管理者擁有領導力的體現，也是管理者塑造自我管理形象、提升管理成效的機會。

最後，我要提醒管理者的是，一旦發現自己存在嫉賢妒能的心理，就要注意從多方面加以克服。比如像上文提到的那樣，充分體認到嫉賢妒能對於團隊的危害，同時要認知到自身的長處在管理，不必與部屬在某一領域一較高低，積極發揮自己的優勢和長處，恰當的對待自己的短處，而不是諱疾忌醫、文過飾非，要以更加開闊的胸襟對待部屬，進而獲得部屬更多的尊敬。

6小鳳凰的鳴叫聲比老鳳凰更清越動聽，比喻青出於藍，後輩更有才華。

07 信任是團隊合作的基礎

我發現，領導者要贏得部屬信任的前提是，部屬願意聽從其指揮。因此對於管理者而言，提升信任力，就可以獲得更多部屬的追隨，避免陷入帕金森定律所說的管理陷阱。

何為信任力？簡單說就是獲得他人信任的能力。在人際關係中，信任是相處的基礎和前提，缺乏信任，人與人之間就很難建立起聯繫，更談不上相互合作。因此，信任是團隊合作的基礎，而信任力，則是領導力的體現之一。

三年前，年邁的父母選擇去海南生活。然而，從父母的住處到機場是一段很長的路，且交通不便利。於是，選擇一個合適的計程車司機就成了我最為關心的問題。

在朋友的介紹下，我先後認識了司機A和司機B，兩人對於可以經常合作都表示相當歡迎。交代好相關事宜後，我先試了一下與這兩人的合作。一次是我離開海南時，特別請A在當天清晨五點多接我。提前一週和A說好後，我就專心的忙手中的事了。

很快，離開的日子就要到了。為了避免錯過航班，我提前一天和A司機打電話確認。結果A在電話中先是聲稱太早了，能否晚些，接著又問能不能提高價格？我隨即明白了這是一個不可信任的人。對我都這樣，更別說年邁的父母了。於是，我回絕了對方，又抱著試試的心態打電話給司機B。沒想到，電話接通後，司機B直接就問什麼時候去接我，多餘的話沒說，更沒有提到價錢的問題。我很意外，但內心十分感動。

次日一早不到五點，我就在社區前等到了司機B。在交談中我獲知，與他合作的人相當多，且價格都一樣。他說都是來養老的老人，或是送老人的孝順子女，價格說定了就要遵守，不能到用車高峰就抬價，這是做人的本分。不知不覺間，我就到了機場。下車後，我就登機離開了。

在後來的日子裡，無論是父母離開海南，還是我去海南，甚至親朋好友到海南玩，用車時我第一個想到的就是這位司機B。幾年下來，我們建立了很好的合作關係，甚至最後我不問價，他不提錢，雙方微信付費，輕鬆完成交易。我相信他一定不會突然提高價錢，因為我對他充滿信任。

其實，管理中的信任就是這樣。主管和部屬是合作關係，雙方從生疏到熟悉再到和諧，在工作中漸漸的融合，渾然一體，最後你中有我，我中有你，才能共同努力，完成既定目標。倘若部屬無法信任主管，主管對於部屬的工作又怎能放心呢？同樣，倘若主管不信任部屬，又怎麼敢將任務放心交給他呢？所以，成功的管理者要想提升工作效率，打造卓越的團隊，最重要的就是要獲得部屬的信任，讓他們甘願追隨自己。

二〇一〇年，因為礦井坍塌，三十三名智利礦工被困在七百公尺深的地下。這一困就是漫長的六十九天。為了救出被困的礦工，智利政府組織了一支由世界各地不同職業的人組成的救援隊。

經過不斷的努力和溝通，在事故的第十七天，礦工們爬到了一個提前設計好的小型避難所，那裡有專門輸送食物、藥品的切口。這樣一來，就為救援人員爭取了更多的營救時間。最終，經過救援人員的共同努力，終於成功的將礦工們營救出來。

如此複雜的臨時性團隊，隊員又是不同職業、不同文化背景的人，這支救援隊的領導者是怎樣推動團隊成員進行合作的呢？後來調查發現，這個團隊的領導者為人謙遜且對事物充滿好奇，同時又敢於承擔風險。在他們心目中，要解決這樣一個「無解的問題」，最重要的是各方力量的合作和信任。於是，他們以謙虛的態度傾聽來自各方的聲音，並勇於扛起可能出現的責任。可以說，正是他們的這種信任，才聚集了人心，凝聚了力量，最終找到了解決方案。

由此可見，身為管理者，要提升自己的信任力，首先要有謙虛的態度，不剛愎自用，虛心接受部屬的意見和建議，從而為自己和部屬之間打造一條溝通的管道。

其次，管理者要想提升自己的信任力，就得讓自己成為給予者和索取者之間的平衡者，為團隊營造公平、公正的氛圍。

華頓商學院（The Wharton School）教授亞當・格蘭特（Adam M. Grant）在提到信任問題時，認為一些團隊成員合作能力差，彼此互不信任、猜忌成風，原因就在於團隊中存在著太多的索取者。

在他看來，索取者就是那種只想著盡最大可能從他人身上攫取資源的人。這些人平時不務正業、不努力工作，做事拈輕怕重[7]，不願意承擔責任、不願意付出，只想在團隊取得成績後分享成功和紅利。與這種人截然相反的是給予者。給予者樂於助人，願意提攜後來者，喜歡與他人分享，工作十分勤奮。

但一個團隊裡不可能都是索取者或給予者，因此介於索取者和給予者之間的平衡者就相當重要。管理者就是這種人。管理者要盡力在兩種人之間維持付出與回報之間的平衡，創設一種公平的氛圍，從而讓團隊成員的付出和所得得到平衡。

在自然界裡，獅子號稱「叢林之王」。而在獅子的小團體裡，最有力量、最強壯的獅子才是獅王。就本質而言，人類團隊中的領導者就是獅王，對內既要能協調，對外也要能衝鋒陷陣，這其實也是一種平衡者的角色。因此，領導者要提升自己的信任力，不但要促使索取者部屬發揮自己的能力，勇於擔責，還要為給予者部屬提供仰仗和動力，進而讓團隊的每一個成員都能各司其職、各盡所能，找到自己的價值和位置。

小史蒂芬．柯維（Stephen M. R. Covey）在《高效信任力》（*The Speed of Trust*）一書中詳細的論述了信任之於管理的重要性。他透過實地調查發現，當信任提高時，會提升生產效率，節約大量成本。而這裡所說的「成本」，主要包含人際交往成本、互動關係成本，以及談判與交易成本。因此，倘若你想提升管理水準，發揮管理的實效，那麼就不要忘記提升自己的信任力。

7 挑選輕易的事，害怕繁重的工作。

第四章

該做的事總是無法完成？

01 碎片化時間的利用

「忙人時間最多」，我之所以用這句俗語作為本小節的開頭，一方面是因為有感於它反映了帕金森定律的個人效率管理出現差異的原因，另一方面是因為它可以將我身邊的諸多人，在時間管理方面的狀況精確的概括出來。

李飛和王林在同一家公司工作，但他們在公司的工作狀態卻截然相反。李飛是老闆的得力幹將，每天管理公司裡大大小小的事情，大家戲稱他是「超人」。就是這樣的一個人，無論這一天有多麼忙，他都能將事情安排得極其妥當，而且每週還能抽出時間去健身房運動，因此總是一副精力充沛的樣子。相較於李飛，王林在公司的財務部工作，平時朝九晚五的工作，只在月底時忙碌一陣子，生活相當安逸。

公司在老闆的用心經營下，不斷發展壯大。隨著公司的壯大，李飛手中的事情也越來越多，不過這並沒有影響到李飛，無論老闆給他增加了多少任務量，他總能有序的處理好，每週三次的健身也沒受到影響，除了人瘦了些，仍保持著最佳的狀態。

在財務部工作的王林就不一樣了，他整日忙得不可開交。因為銷售地區擴大，代理商人數增加，財務部的工作越來越多。這讓習慣了慢節奏生活的王林特別不適應，他不斷要求增加財務部的人員。財務部的人員也由開始的四個人，變成了八個人，甚至在上個月變成了十二個人，但王林仍舊覺得自己手中的工作處理不完。以前可以準時下班，週末還可以約三五好友喝個茶、釣個魚，如今可好，除了工作日要加班，週末也要加班，時間真是不夠用呀！

李飛和王林同樣要面對手中任務的增加，為什麼一個能保持生活的穩定，並抽出時間健身，另一個則疲於工作，生活變得亂七八糟，以致連與朋友小聚的時間都沒了呢？

這其實與個人處理問題的能力和時間管理能力有關。而這種區別，正是高效率人士與低效率人士的區別。

美國前總統歐巴馬（Barack Obama），要處理的事務必定非常多，但歐巴馬不但可以將手中繁忙的工作處理好，還能堅持每週至少六天的體能鍛鍊，每次鍛鍊時間不少於四十五分鐘；地產大亨潘石屹身為全球知名企業家，每天不但要對公司的重要事務進行決策，還要三不五時參與重要的項目會談，參加高層董事會，要處理的事情可謂多矣，但他不但能靈活處理企業管理的相關事情，還能讓自己有時間打球、跑步，享受生活的樂趣。

這些人的身上有著一些共同的特點，那就是時間管理能力極強，總能將時間分配得恰到好處，從而提升自己的工作效率。他們和上文中的李飛一樣，被稱為高效能人士。

高效能人士在時間管理上最突出的特點，就是總能抓住關鍵環節，因此手中有再多的工作也能處理好，進而做到科學利用時間，做到了就算再忙也能找出空餘時間。那麼，他們是如何做到的呢？那就是巧妙利用好碎片化的時間。

所謂碎片化的時間，是指那些沒有安排任何工作、未被計畫的時間。這些時間零散而無規律的存在於我們的生活中，極易被人忽視。但倘若我們加以科學利用，就可以提升工作效率。

某位營運高階主管，面對緊張的工作和有限的時間，始終牢記生物學家湯瑪斯．亨利．赫胥黎（Thomas Henry Huxley）說的：「時間最不偏私，給任何人都是二十四小時；時間也最偏私，給任何人都不是二十四小時。」為了高效工作，充分利用時間，他可謂分秒必爭。

比如利用中午吃飯的半小時回覆用戶的留言和建議；排隊的間隙、平時坐車時，查看最新的網路資訊，然後將有價值的內容收藏到 Evernote[1]，晚上回家再對收藏的知識整理、復盤，形成自己的全新認知……正是如此有系統的利用了碎片化時間，他才能在千頭萬緒的工作面前沒有手忙腳亂。

要想利用好碎片化時間，我們首先就要找到這些時間。一般來說，碎片

1 印象筆記，一款筆記軟體。

化時間常存在於我們不曾意識和發現的工作或生活場景中，比如每天用手機刷微信朋友圈或微博的時間，與朋友聊天、玩遊戲或追劇的時間，上班或下班等車的時間，排隊用餐或購物的時間……這麼一分析，我們的碎片化時間可真不少。

而能充分利用好這些碎片化時間，就是高效能人士的過人之處。須知，每個人每天都有二十四小時。但在這二十四小時裡，不同的人卻做了不同的事情，取得了不同的效果，原因就在於對那些看似不起眼的碎片化時間的利用不同。誠如思想家魯迅先生所說：「哪裡有天才，我是把別人喝咖啡的工夫都用在了工作上。」

因此，我們不妨回憶一下自己每天做過的事情，仔細分析一下我們都浪費了哪些時間。找到後，我們就向高效能人士學習，將這些時間充分利用起來，以提升自己的辦事效率和能力。

第一，倘若你有坐車聽音樂、滑手機或玩遊戲的習慣，那麼不妨試著用這些時間聽一聽能提升個人能力的節目，比如外語節目等，聽一聽他人的成長經驗、學習經歷和工作心得，必定能從中獲得一定的啟發。

第二，不妨隨身攜帶一本小巧的紙本書，利用坐車或在餐廳候位的時間看看書；或是購買自己想看的電子書，在這樣的時間看書，也是一個極好的提升能力的機會。

第三，隨身帶一個容易攜帶的筆記本，將當天的工作記錄在上面，可以利用碎片化時間處理一些不太重要的事情，比如了解某項工作是否安排下去了，查一查郵件是否及時處理了。

還可以利用碎片化時間完成適當的運動，如拉伸運動、擴胸運動，達到鍛鍊身體的目的。

當然了，碎片化時間的利用，要根據碎片時間的長短、目標、當前的身心狀態、要完成的事項來進行調整，以取得最佳效果。

02

管理時間，就是管理自己

高中時，我們班裡的一票人，包括我在內，對某一位同學真是羨慕加嫉妒和恨，原因是這位同學是個學霸，平時又特別能玩、會玩。我在此暫且稱他為J吧。

J是轉學生，剛開始誰也沒把他放在眼裡，只是感覺這個同學特別能玩。當時大家都是住校生，每天恨不得將一天的時間拆分開，變成兩天或三天來用，做完數學題做物理題，背完英語單字換背古文詩詞，總之就是學個不停。但J和大家不一樣。

下課時，別人忙著討論問題，他卻和那些運動績優生湊在一起，打籃球、踢足球。放學後，大家抓緊時間去餐廳吃飯，然後三步併成兩步趕回教室自習，但J卻先到操場散步，偶爾還拉著志同道合者聊天。晚上呢，別人回到宿舍好歹也會看一下書，他可好，晚自習一結束回宿舍就洗洗睡了。總歸一句話，J在規定的學習時間內沒耽誤功課，在規定的學習時間外也沒人看到他學什麼。

就是這樣的J，學習成績卻一直名列前茅。看著人家該玩的玩了，該學的學了，真是讓班裡的同學不得不佩服。

如今回過頭看，J能比我們這些分秒必爭學習的同學學得輕鬆，成績還不錯，除了學習方法外，我認為他還做到了把有限的時間管理得非常好，一句話：時間管理成就了他的好成績。

詩人弗里德里希・席勒（Johann Christoph Friedrich von Schiller）曾說：「時間的步伐有三種：未來姍姍來遲，現在像箭一樣飛逝，過去永遠靜止不動。」時間來去匆匆，從不停步，它是一種重要的資源，卻無法開拓、積存與取代。科學的管理好時間相當於豐富自己的生命，而不能管理好時間無異於浪費生命。

從前看過一個寓言故事：

有一個商人買了一幢花園別墅。一天，他無意中發現一個人從他的花園裡扛走了一個箱子。他悄悄的跟過去，發現這個人將箱子丟到了城外的峽谷中。商人帶人衝上去，結果發現峽谷裡丟滿了這樣的箱子。

商人命人將這個人抓住，問他從自己的家裡偷走了什麼？這個人打量了商人一番，告訴商人，箱子裡是他虛度的日子。商人不明白，這個人告訴他，虛度的日子就是他白白浪費掉的時間。後來，商人苦苦哀求這個陌生人把他虛度的時間歸還給他，他願意付出任何代價，但陌生人告訴他，逝去的時間是無法追回的。

這個故事極其具體的說明了時間的可貴，倘若不利用好自己的時間，那麼終有一天會懊悔萬分。

它也從側面強調了管理時間的重要性。我們無法延長自己的壽命，但我們可以好好利用屬於自己的時間，養成科學管理時間的習慣，成為高效能人士，從而增加生活的樂趣，讓有限的生命擁有更多的內涵。

那麼，我們該如何管理時間呢？相當多的商界人士用自己的實踐告訴了我們管理時間的科學方法。比如海爾集團創始人張瑞敏的一日一清時間管理法，就是要求自己當天的事情當天完成，每天及時完成當天的工作任務，從而發現自己在時間管理上是否存在不足之處。這種方法以目標管理為宗旨，將時間和自己的目標聯繫起來，從而在管理時間的同時，提升工作或學習的效率。

時間管理背後蘊含著怎樣的心理學原理呢？實際上，從心理學的角度分析，管理時間的本質就是管理自己。

一般來說，個體對於時間的感知，屬於感知覺中的時間知覺部分。這種感知以時序知覺、時距知覺和時間點知覺三種形式存在。其中，時序知覺是從事件發生的前後順序來感知時間的存在；時距知覺是從空間距離和時間距離的角度來感知時間的存在。空間距離是指事件的起止時間，時間距離是指事件持續的時間；時間點知覺是指事件發生的具體時間。時間管理的本質就是對以上三種時間的知覺進行管理。

具體來說，人是依靠視覺、聽覺、觸覺感知時間的差別的，比如，你今天從北京坐飛機到紐約，下飛機後，你從目之所見、耳之所聞就可以判斷時間的變化。所以，要想管理好時間，讓一天的時間發揮最大的功效，就要注意掌握好影響時間知覺的要素。

第一，在時間管理上，利用不同的感覺通道對時間的感知差別，有選擇的管理時間。比如，一個人沉迷於遊戲，浪費了太多的時間，那麼就不妨利用視覺和聽覺管理時間感知：設定好玩遊戲的時間，時間到了，鈴聲就會響起，這時候就強制自己停止玩遊戲。

第二，依據個體對事件的感受對事件排序，從而提升個體處理事件的效率，進而管理時間。研究顯示，在一定時間內，發生的事件越多，性質越複雜，人就越傾向於把時間估計得較短；而發生的事件越少，性質越簡單，人就越傾向於把時間估計得較長。

舉個例子，倘若一位編輯手中有好幾本稿件要審，他會感覺時間過得較慢；倘若將審稿和設計封面、與作者溝通等事情穿插在一起，那麼他就會感覺時間過得較快。因此，不妨將手中的事情進行適當的整合和編排，避免浪費不必要的時間。

第三，依據個體的情緒體驗和興趣管理時間。這是從個體對時間的主觀體驗方面進行管理的。比如，人們在做自己喜歡做的事情時，通常感覺時間過得很快，如看自己喜歡的某部電影；而在做自己不喜歡或厭惡、憎恨的事情時，則感覺時間過得很慢。因此，不妨從情緒和興趣的角度入手，將喜歡和不喜歡的事情巧妙搭配，從而提升工作效率。

總之，時間管理是一件相當有價值的事情，要成為高效能人士，掌握好管理時間的方法尤其重要。不妨在平時的工作和生活中，多從以上三個方面入手，管理好自己的時間。這樣一來，工作或學習的效率自然會得到提升。

03 抓大事，放閒事

L是一家大型房地產開發企業的設計部總經理，公司總裁前兩天剛召開了一個新專案論證會議。會議剛結束，L就拿著一大疊文件匆匆忙忙的跑回自己的辦公室，一邊仔細的閱讀文件，一邊在筆記本上寫下要點。過了一會兒，L又拿著文件和筆記本衝出辦公室，快速的走進設計辦公室，來到W的辦公桌前。W正忙著做另一個相當緊急的專案設計，他已經為此數週沒休假了，現在整個設計任務剛剛進行到一半。L把文件往W的桌子上一放，打開筆記本，開始向W講解新專案的設計要求。

講完之後，W剛想問什麼，L揮揮手，「不帶走一片雲彩」的拿著資料就往外走，還邊走邊叮囑W抓緊時間先做這個專案的設計。望著L的背影，

W無奈的放下手中的專案，開始思考新專案的設計。他剛看沒多久，同事J回來了。J說自己進來時遇到了L，看起來匆匆忙忙的，問是不是又給了什麼新任務。W無奈的攤開手，讓J看新的設計任務。J瞪大眼睛，大叫一聲：「這麼多工作，我們應該怎麼處理啊？」

不知道你有沒有遇到過同樣的事情。我就曾體驗過諸多事情一股腦湧來時的手忙腳亂。那麼，如何在有限的時間裡協調好手中的事情呢？這正是對我們的時間管理能力的考驗。

對於任何一個渴望獲得成功的人來說，有效利用時間正是有效的達成個人目標的重要條件。正是基於這種認知，高效能人士才會認為，時間管理實質上就是讓一個人形成一種管理時間的習慣，而正是這種習慣，幫助一個人獲得了成功。從這個角度分析，倘若一個人想獲得成功，就必須養成管理時間的習慣，即做好以結果為導向的目標管理。

比爾．蓋茲能連續多年蟬聯世界首富，與他能有效管理時間有很大關係。他盡量簡化自己的工作，以**「抓大事，放小事；抓正事，放雜事；抓要事，**

放閒事」三原則來安排自己的工作。

他們的成功告訴我們，工作是永遠做不完的，重要的是你想得到怎樣的結果，而這一結果與你對時間的管理密不可分。因此，**時間管理的本質不是管理時間，而是管理事情**。要形成時間管理的習慣，其實從本質上來說是要養成管理好事情的習慣。而要管理好事情，重要的是要掌握管理的原則，即做事的順序和方式。

什麼樣的做事順序和方式有利於我們更善加利用時間和管理時間呢？那就是**從重要的事情開始做起，把間隙的時間留給其他事情，即要事第一**。那麼具體如何實施呢？先來看一個故事。

查爾斯・施瓦布（Charles Schwab）是伯利恆鋼鐵公司（Bethlehem Steel Corporation）的前總裁，他工作繁忙，導致管理公司效率低下，因此求助於效率專家艾維・李（Ivy Lee）。施瓦布對艾維坦誠自己對公司當下的管理相當不滿意，但是不知道從何處入手，如何去做。艾維對施瓦布說自己可以幫他將鋼鐵公司管理得更好，但條件是施瓦布要按他的要求去做。

接下來，艾維要施瓦布在一張白紙上寫下明天要做的六件重要的事，並按每件事對於施瓦布及其公司的重要性進行排序，再標上序號。隨後，艾維要求施瓦布將這張紙放在口袋裡，第二天早上拿出來，按上面所寫，先處理第一件事，其餘的事不管。等第一件事辦完後，再用同樣的方法處理第二件事、第三件事……以此類推，直到下班。

艾維叮囑他每一天都要這樣做，並要求公司的人也這樣做。堅持數週後，倘若有效，再付費。

施瓦布按艾維的要求實踐，果然收到了很好的成效。而他也如約將一張兩萬五千美元[2]的支票寄給了艾維，同時附上一封感謝信，在表達感謝之意的同時，說這是自己一生中所上的最有價值的一課，因為它教會了自己先做重要的事情，以及每次只做一件事。

五年後，按此方法管理時間的施瓦布，將自己的這間小鋼鐵廠，經營成

2美元兌新臺幣的匯率，本書以二〇二四年四月，臺灣銀行公告之均價三二・三一五元為準，此約新臺幣八十萬七千八百七十五元。

了一家大型的獨立鋼鐵廠。這期間，他借助於艾維推薦的這一時間管理方法，獲利超過一億美元。

在這個故事中，艾維教給施瓦布的時間管理方法就是，重要的事情優先原則，即艾維·李時間管理法。這也是每個人管理好自己時間的首要原則。

下面，我將這一方法的使用步驟概括如下：

第一步：在一張白紙上寫下自己明天要做的六件最重要的事。

第二步：按事情對於自己的重要性進行排序，並依次標上數字。

第三步：第二天，先做最重要的那件事，直至達到自己預期的目標。

第四步：隨後按同樣的順序和方法做第二件事、第三件事……。

第五步：堅持每天都這樣做，直至養成習慣。

在很多時候，我們做事無效率，讓時間悄悄流逝，最重要的原因是我們沒掌握管理時間的原則，因此與其在有限的時間裡，眉毛鬍子一把抓，不如牢記時間管理的原則：**先做最重要的事情，每次只做一件**。如此一來，我們就可以分清事情的輕重緩急，從而提高自己的工作效率。

洛威茨（Rob Koplowitz）在《麥肯錫思維》（*The Mckinsey Mind*）一書中寫過這樣一句話：「從重要的事開始做，然後再做其他事，這就是做事應該有的次序。」這句話和艾維．李時間管理法一樣，都向我們強調了時間管理的重要原則：要事第一。

04 成功，是無數小目標的總和

實踐證明，目標的實現，並非一蹴而就。它需要一個過程，這個過程或許是漫長的，或許是短暫的，但無論如何都是一步一腳印不斷累積起來的。正是在達成一個一個目標的過程中，我們才一步一步走向成功。因此，這一個個的目標就成為成功路上的里程碑、停靠站。如果我們在出發之前，清楚自己前進路上有多少個「站點」，那麼我們就會在每一次到達「站點」時，對成功充滿信心。相反，倘若我們無法預知自己面對的「站點」數量，就極有可能在最後喪失達成目標的信心和勇氣。

一九五二年七月四日清晨，美國加州海岸起了濃霧。此時，在距海岸以西二十一英哩[3]的聖卡特琳娜島（Santa Catalina Island）上，四十三歲的費羅倫絲・查德威克（Florence May Chadwick）正準備從太平洋游向加州海岸。冰冷的海水凍得費羅倫絲身體發麻，加上霧太大，她幾乎無法看到護送她的船，但她一直堅持游著。

五個小時後，她又累又冷，產生了放棄的念頭，於是發出了求救信號。但她的母親和教練告訴她，很快就到海岸了，再堅持一下。她向海岸望去，所見只是濃濃的霧氣。最終，又游了一會兒後，她放棄了。

當她被拉上船後，才知道自己距離加州海岸只剩半英哩的路程。

事實上，費羅倫絲之所以放棄，並非因為疲勞，也並非因為寒冷，而是因為她在濃霧中無法看清目標。

這個故事說明了，做任何事都要有合理的計畫，如此方能順利的達成目標。一項關於消費者心理學的研究顯示，目標越明確，彈性空間越少，或許

3 一英哩約等於一千六百零九公尺。

越能夠有效的實現目標。而神經系統科學研究顯示，為了實現目標，人的大腦會將神經傳導物質多巴胺當作內部導航系統使用。而動物研究也顯示，大腦獲得的多巴胺訊號越強，目標就越近。

由此可見，在管理時間時，科學的設定目標，可以激發人體實現目標的主動性，因為在一個一個目標的實現過程中，人會因為目標的實現而興奮，進而產生更多的多巴胺訊號，從而令目標的實現更具可能性。

那麼，如何設定目標才能發揮目標的作用，從而實現科學的時間管理呢？這其中重要的前提就是**目標必須具體、可實現，而且目標必須科學設限**。如此，才能在實現每一個短期目標的過程中，實現最終的目標。以下就是合理計畫、科學設限的時間管理步驟：

第一步：列出你的工作事項。

在筆記本空白頁中間畫上一條分隔線，從上到下標出一天的時間軸。然後在左側區域列出當天的計畫，切記：主要的目標事件不能超過三個，要聚焦關鍵目標。右邊留白，用於填寫第二天的總結。

第二步：按所列計畫，有序開展一天的行動。

要注意的是，關於如何列出計畫和展開行動，可以參照我在上一節所講的內容。隨時在時間軸的右邊填寫自己的實際完成情況。

第三步：對比分析，確定影響效率的因素。

將右側的實際完成情況和左側的計畫進行對比，找出實際與計畫不相符之處，並分析不相符的原因。此處進行的活動就是復盤總結，也是我們管理時間時相當重要的環節，它直接影響著一個人的時間管理能力。

第四步：針對總結分析的原因，調整計畫，為自己科學設限。

在通常情況下，影響我們時間管理計畫的重要因素，就是我們太高估自己，給自己設定的時間管理目標，超出了我們可能達到的目標，因此接下來就要調整，為自己科學設限，從而讓時間管理的目標具備可行性。

當列出具體計畫後，接下來要做的就比較簡單了。我們按時間管理計畫，一步一步達成自己的目標，每天胸有成竹、堅定不移的朝著目標前進。

05

小心那些掏空你時間的美好事物

戲劇家威廉・莎士比亞（William Shakespeare）說：「拋棄時間的人，時間也會拋棄他。」這句話道出了一個人在時間管理方面陷入帕金森定律的重要原因——浪費時間。

微軟全球資深副總裁潘正磊，在微軟總部以效率高和執行能力強著稱。她大學一畢業，就加入了微軟，是微軟晉升非常快的經理之一。在談到自己進入微軟後的工作時，她提到了「保護時間」一詞。

潘正磊初入微軟時，是一名軟體工程師。當時，她所在的小組開發的產品成長得相當快，每幾個月就要生成三個版本，每個版本又需要支援六種語言。如此一來，就需要開發十八個不同的組合。為此，她不得不與其他不同的小組打交道。結果，她每天要在辦公室裡接待不同的人，處理不同的問題。而她自己正在處理的事情卻因此受到了影響，以至於她不得不延長自己的工作時間。她清楚的意識到，自己的時間在一點一點被浪費。

怎麼辦？她必須正視自己付出的時間成本，計算自己被浪費的時間。於是，她決定提高自己的時間利用效率。在老闆的指導和支持下，她為自己設定了回答問題時間，這意味著其他人要找她解決問題，必須在她指定的時間內。這樣一來，她就有了整段的時間做自己的工作。

正由於潘正磊發現並正視了自己的時間成本，所以才能積極為自己浪費的時間設限，從而得以管理好時間，為自己爭取到了足夠的時間，讓自己得以提升。

然而在日常生活中，我發現相當多的人對時間的流逝無動於衷，或者束手無策。細究原因，竟然是他們不清楚自己的時間為何流逝。也就是說，他們從來沒有關注過自己的時間成本，沒有計算過自己被浪費的時間。那麼，究竟是哪些行為浪費了一個人寶貴的時間呢？

排在第一位的是隨意放縱自己的行為。比如，隨意的看一部電影、聊天，甚至睡覺、洗澡。這些行為不具備明確的目的性，可以說純粹是隨性而為。而正是這種隨性而為，讓我們付出了巨大的時間成本。

排在第二的是無效社交行為。比如，與人閒聊，無意義的語音聊天或視訊，無目的的延長午飯時間，甚至無目的的購物。這些行為因為不具備明確的目的，加上行動的隨意性，因此是明顯的無效社交行為，白白浪費了時間。

排在第三的是無目的的閱讀行為。所謂無目的的閱讀，就是指隨意的翻看那些過期，或沒來得及讀的報紙或雜誌，隨意的翻看身邊無價值的資料。

可以確定的是，在以上這些無意義的行為、活動中，時間被大量浪費，但很少有人注意過。當然，我並不是說浪費時間僅表現在以上行為，其實在工作中也存在著無效工作、浪費時間的行為。

第一種：工作時發呆或走神。

其實這種行為相當普遍。不妨看一看每家公司的員工，在週一或週五的表現，相當多的人工作時注意力不集中，神思恍惚，一邊工作一邊打呵欠，或是回憶著自己週末時的快樂時光、或沒能如期完成的事情，或是在計畫自己本週末應該做些什麼。當然，這種情況也會發生在發薪日前，有的人會在這一天發呆或走神，思考如何將到手的薪水花掉，或是如何在還上舊帳後過好下個月的生活。就在發呆或走神的過程中，大量的時間被浪費了。

布魯斯在一家雜誌社當編輯。這天，他計畫用一上午的時間寫完一篇人物專訪。他先是完成了專訪的第一部分，接著打算開始寫第二部分。看著已經完成的第一部分，他很滿意，為此獎勵自己休息一會兒。他為自己沖好一杯咖啡，並端著咖啡來到同事麥克的辦公桌前，就麥克昨天寫的一則短訊聊了一會兒。

隨後，他回到自己的座位，打開信箱，查看了兩封新郵件，一封是瑪麗姨媽詢問布魯斯在假期是否會去她那裡，另一封是一位讀者的來信。他回覆了瑪麗姨媽，明確告知對方，自己週末會帶妻女去看她；他又回覆了讀者，感謝對方的關注，並答覆了對方提出的問題。

處理完，他繼續寫人物專訪。結果他發現，自己找不到寫作的思路了。無奈之下，他不得不回頭看完成的第一部分，再開始構思第二部分。結果，午餐時間到了，他的人物專訪仍沒能完成。

其實，我身邊的每個人差不多都有不同程度的浪費時間行為。要注意的是，這種浪費時間的行為一旦養成習慣，就會成為工作效率的殺手，從而讓時間管理成為空洞的幻想。

所以，要管理好時間，就要將時間轉換成成本，學會計算自己浪費的時間。要將工作和生活明確的分開，確保自己工作時就全身心的工作，休息時就充分休息，盡情的享受生活。

第二種：窮忙。

所謂窮忙，是指工作中好像在不停的忙碌，但效率極其低下。比如，工作中時不時會尋找物品。這種行為會嚴重浪費我們的時間。有一份針對美國一百家大公司職員的調查發現，公司職員每年約浪費七週，甚至更長的時間，在從雜亂無章的資料裡尋找需要的資訊上。

回想一下，你是不是也有這樣浪費時間的行為？因此，不妨將自己的東西整理好，學會斷捨離，將無用的東西丟掉，從而為有用的東西騰出空間，也為自己節省時間。

第三：突發事件。

在很多時候，突發事件會打亂我們的時間管理計畫。比如，我們正在處理手邊的事，主管突然交給我們一件事去處理，結果原來的計畫就成了一張廢紙。或許突發事件不會占用太多時間，但可怕的是當我們重新去做原來的事情時，不得不調整自己的思路和注意力，從而為此浪費時間。

我們要做的就是學會應對這樣的情況，或是學會說「不」，抑或是提前做好準備，為突發事件留出時間。這也是一種時間管理的重要方法。

總之，時間管理可能會影響到一個人的事業，而學會轉換成本，計算浪費的時間，可以讓我們充分正視時間管理的重要性，進而科學的安排時間，提升工作效率。

06

拖延症每個人都有，只是程度不一

清晨，小王走在上班路上，突然想到上週沒完成的那份工作計畫，於是暗下決心：今天一定要將工作計畫完成。打卡鐘的鈴聲響起時，小王準時坐在辦公桌前。他將相關資料取出來，忽然想到要先收拾辦公桌，於是起身用半個小時清理了辦公室，還澆了花。接下來，他看了看整潔的辦公室，長嘆一口氣，打算開始寫工作計畫。

他想了一會兒，沒思路，決定先抽支菸。他拿出一支菸，走到樓下，邊欣賞外面的美景邊抽菸。就在這時，他無意中發現同事老張從一旁走過，忽然想起自己上週答應過幫他下載太極拳影片。他想，自己不能食言，於是趕緊回到辦公桌前，打開電腦，插上隨身碟，幫老張下載太極拳的影片。等待時，他隨手取出一份報紙來看。

半個小時後，影片下載完了，他也看完了報紙。他拿著隨身碟，去老張的辦公室，將隨身碟交給了老張。老張格外高興，拉著他喝了一杯茶。

回到辦公室，一看時間，馬上要吃午飯了。他連忙回到座位前，擺開紙筆，開始寫工作計畫。就在這時，手機響了，原來是主管來電。對方責問他上週的違紀事件為什麼還沒處理，他連忙解釋和賠罪，花了二十分鐘才讓主管消氣。他掛電話後，心情格外鬱悶，於是先上個洗手間，喘口氣。

結果從洗手間回來的路上，他又被隔壁馬大姐說的家長裡短吸引住了，站在門邊聽了一會兒，後來還不由自主的加入其中。聊了一會兒，他才想起要寫工作計畫，連忙快步回到辦公室。一看時間，好傢伙，再半個小時就中午休息時間了。唉，這一上午，又什麼事也沒做。

事實上，相當多的人如同故事中的小王一樣，一件事情一拖再拖，離完成遙遙無期。這其中就是拖延在作怪。正是拖延讓我們的時間管理成為泡影。

那麼，何為拖延？其產生的心理原因是什麼？如何戰勝拖延，管理好自己的時間呢？

所謂拖延，字面上是指延長時間，不迅速處理當前的事，也指在開始或完成一項活動時實行有目的的推遲。它使目標任務在規定期限內無法完成，或者目標任務在截止時間前才剛啟動。

事實上，拖延並非簡單的逃避行為，而是包含了一系列相關聯的理解和想法（認知）、情緒和感受（情緒），以及行動（行為）。可以說，這是一種極其嚴重的時間浪費現象。

拖延現象背後的心理原因是什麼？從事拖延現象心理研究的專家皮爾斯．施蒂爾（Piers Steel）教授發現，造成拖延的因素主要有四個：自我價值感不足、做事的信心不足、做事時分心衝動，以及得到回饋的時間延遲。

所謂自我價值感不足，是指一個人在做一件事情時，當看不到這件事的價值，就極易出現拖延行為。

比如，許多人圍坐在辦公室裡聊天，這時主管要你將辦公室清理一下，你認為那麼多人在聊天，與其現在清理，還不如等人都走了後再清理。於是，清理辦公室這件事就被拖延了。

所謂做事的信心不足，是指當事情對個體來說難度越大，個體就越容易出現拖延行為。比如，你接手了一項在你看來難以完成的工作。於是你一拖再拖，希望主管會在最後取消這個不可能完成的工作。

所謂分心衝動，是指當個體做事時越分心，就越容易拖延。比如在閱讀某本書時，心裡還想著手中的某些事情，於是越專注的看書，就越容易想著手中的事情，進而分心，甚至衝動的放下書，去處理自己分心想的事情。

所謂回饋的時間延遲，是指當個體知道所做的事情的結果，要經過相當長的時間才能得知時，就會出現下意識的拖延。

無論是何種原因的拖延，均會造成時間的浪費，使工作效率低下。那麼，如何進行時間管理，從而克服拖延造成的時間浪費呢？

方法一：時間統計法。

恪守時間是職場最基本要求。但是相當多的人不守時，拖延的原因是他們無法好好掌控自己的時間，因此不能正視拖延成本。不妨將自己的所有行程都放入手機行事曆，借助於工具，而不是大腦記憶來管理自己的時間，從而讓自己正視拖延成本，管理好時間。

我建議可以採用堅持每天做一件事的方式，檢視自己的行為。對自己每一天、每一月、每一年進行核算，就可以清楚的知道，自己的時間去了哪，進而認知到時間的寶貴，避免拖延。當然，也可以採用我在前面提過的重要的事優先原則，這也是一種應對拖延的方法。

方法二：具體目標設定法。

面對拖延造成的時間浪費，倘若你意識到了這個問題，不妨為自己設一個明確而具體的目標。設定目標可以讓任務成為一個可控的目標，進而戰勝因為自信心不足而引發的拖延，避免時間的浪費。

方法三：時間限定法。

所謂時間限定法，就是為自己做某件事確定明確的時間界限，比如幾點到幾點做什麼事，甚至可以明確到分，如為自己設定完成工作計畫的時間是從上午九點到十點半。於是，這種明確的時間會讓你減少拖延，讓工作內容更具體，從而克服分心衝動引發的拖延。

總之，拖延會讓人產生極度的焦慮感，一旦我們能正視拖延成本，管理好自己的時間，在戰勝拖延後，我們就可以成為高效能人士，重獲時間管理的自由，進而掌控自己的人生。

第五章

同事總是排斥你？

01

成為辦公室裡的「局內人」

我的朋友跟我講了她所在辦公室裡一個女孩故事：

芳芳是一個初入職場的菜鳥，畢業後經過多方努力，得以進入一家私人企業工作。公司工作不太忙，待遇也很優厚。芳芳非常滿意。最初的時候，主管沒安排具體的工作內容給芳芳，她每天就是幫著別人打打下手[1]，然後泡杯茶、看報、讀書、等著下班。這讓她懷疑自己提前進入了養老階段。

好在試用期較短，只有一個月。一個月後，芳芳轉正了，主管安排給她的工作也相對多了起來。轉正一個月後，主管找芳芳談話，一方面了解她進入公司後的工作情況，問她對當前的工作是否滿意，另一方面暗示她工作不夠積極，做事的品質和效率都要再提高。

芳芳感覺很委屈，她一直很用心的工作，而且自認為沒什麼地方做得不好，為什麼主管會這麼說？談話結束前，主管關心的問芳芳與同事相處的情況，提醒她要多和同事交流，多向老員工學習。

說實在的，芳芳知道主管是在提醒她要處理好與同事的關係。但芳芳認為自己的工作和其他同事沒太大關係，所以可以聊的不多。加上同事們平常閒聊時不是談美容護膚，就是談時尚潮流，芳芳也不了解。因此，芳芳與同事沒有共同話題。

就這樣，芳芳堅持著自己為人處事的原則，事不關己，高高掛起[2]。結果，芳芳由於太過安靜，漸漸的被同事孤立了。

其實，職場中像芳芳一樣的人並不少見。很多人初到一個新公司時，因

1 指幫忙、擔任助手。
2 比喻不管別人的事。

為與周圍的同事不熟，所以要花相當長的時間才能融入團體中。甚至一些人長時間無法融入團體，進而成為辦公室內格格不入的獨特存在，結果讓自己備受孤立，也為自己的職業生涯埋下了禍根。

是什麼原因讓這些人成為辦公室裡格格不入的獨特存在呢？事實上，這其中既有外因，也有內因。

所謂外因，當然是指個體所處的外部環境，包括辦公室的文化氛圍，同事的性格、思維方式和處事方法。這些外部因素均是外因的來源。它們在一定程度上影響著個人融入某個陌生環境的過程，以及陌生環境對新人的接受程度，並非個體本身可以決定的。所謂內因，是個體本身的性格、氣質、人際溝通方式，以及處事的方法與態度，是可以由個體本身決定和改變的。

由此可見，當一個人與工作環境格格不入時，可能是外界環境所致，或是自己存在問題。心理學研究和無數事實均證明，個體極難改變外界環境，而對於外界環境引發的問題，解決的辦法是從自身找原因、想辦法。簡單的說就是一個人無法改變外在環境，能改變的只有自己。因此，當一個人與同事格格不入，無法融入工作環境中時，重要的是先改變自己，讓自己不再是那個格格不入的人。

或許有人說，無所謂啦，我只要做好自己的工作，拿自己的那份薪水就好了。問題是，你要的這種「與世無爭」的狀況，能維持多久？要知道，如果你是新人，對工作不了解，那麼這種局外人的狀態，會讓你無法獲得他人的幫助。

就算你能力比較強，不好意思，工作是需要團隊合作的，你的能力有可能會使你成為他人的眼中釘、肉中刺。你需要的團隊合作，因為他人的抱團[3]成為泡影，你孤立無援，怎麼完成專案？如果你是主管眼裡的人才，受到主管的重用，那麼問題又出現了，你自以為的與世無爭，將成為他人眼中的清高和孤傲。當眾人都疏遠你，你的工作不斷遭遇問題，你又怎麼能安心的提升自己，成就自己呢？

總之，當你成為辦公室裡的局外人時，任何可能的情況都會發生。因為人在職場，面對諸多複雜因素，你會因為資訊的缺失，或孤立無援出現各種

3 緊密團結在一起，結成一夥。

狀況。

那麼，一個人如何才能避免讓自己陷入局外人的狀態，成為辦公室裡受歡迎的那個人呢？

答案是要調整自己的心理狀態，以接納的態度對待新環境、新同事。

我們知道，一旦在利益分配上產生分歧，人與人的關係就可能出現問題。而產生問題的原因，主要是個體的自我心理在作祟。

自我，就是自我意識或自我概念，主要是指個體對自己存在狀態的認知，是個體對其社會角色進行自我評價的結果。所謂自我心理，就是個體對自己心理屬性的意識、情感和評價，包括個體對自己感知、記憶、思維、智力、性格、氣質、動機、需要、價值觀和行為等心理過程、心理狀態和心理特徵的認知和評價。這種心理決定了一個人看待人和事的態度，進而影響著一個人被他人接受和受歡迎的程度。

一個過度自我的人，或過於自負、自卑，無論是哪一種心理，均會影響其人際關係。過於自負的人會以自己的標準要求他人，於是就會產生「眾人皆醉，唯我獨醒」的心理，認為自己始終處在一個格格不入的環境裡，身邊的人都很庸碌。自己想找個知心人，卻始終得不到他人的認可，感到事事不順心，處處受排擠。

過於自卑的人則格外敏感，遇事總是沒自信，擔心他人說閒話，要麼膽小怕事，要麼做事用力過猛，終歸是難以從容面對工作中的一切。長此以往，周圍的人會產生不舒服感，於是持「要與舒服的人在一起」原則的人們自然會遠離你。

由此可見，要融入環境，成為辦公室裡的「局內人」，就要拋棄過度自我的心理，改變自己的思維方式，認清不同文化背景的人看待問題的角度，和解決問題的方式不同。不求全責備，也不要求每個人都贊同你、喜歡你，而是學會以寬容和豁達的態度來對待人和事。不強求他人「懂我」，也不勉強他人「像我一樣」，嘗試拋開成見，放下小我，主動跨出自我心理界限，打破孤立，找到最適合自己的位置。

第一，要學著**放低自己的姿態**，認知到人在職場，與其高傲，不如放下無謂的自我，學著發現他人的優點，擺正自己的位置和態度。要知道，在欣賞他人的同時，自然也會獲得他人的讚賞，畢竟人與人之間是平等的。

第二，**要學會反思**。反思可以讓一個人發現自己的問題。我個人的感受是，每次遇事後及時反思，會讓自己找到與他人相處的正確模式，可以讓自己得到提升。於是下次自然就會避免錯誤的發生，或在錯誤發生後及時挽回局面。

第三，**要學會求助**。很多時候，當我們陷入孤立的境地時，讓自己解脫出來的方法就是向他人求助。研究證明，人在內心深處均有願意助人的想法，因此當我們處於孤立的境地時，不妨主動邁出一步，請求他人的幫助，這樣就為自己接近他人，或他人接近自己搭了一座橋梁。

02

善用自己的嫉妒

顧飛是一家廣告公司的設計師。初入公司時，他工作態度認真，對公司交給他的每一項工作都盡心盡力。於是，隨著經驗的累積，他的設計能力漸長，加上為人忠誠可靠，遂成為設計部的重要一員。不過，顧飛性格比較內向，不太擅長與人打交道，在很多次與客戶的溝通中，因為表達不清楚，影響了工作效率，因此一直都沒能受到重用。

王強是顧飛的同事，比顧飛晚一年到公司，但他性格十分外向，言談幽默，會關心人，不管是同事還是客戶都喜歡與他溝通。儘管王強的設計能力不如顧飛，但由於肯用心，加上與人溝通能力強，因此在遇到問題時，總能獲得他人的幫助，工作效率反而比顧飛高。

這一季，公司接到一家醫藥公司的全年廣告投放訂單，設計部的任務是要拿出令客戶滿意的方案，於是顧飛和王強同時接受了任務。經過一段時間的遴選，顧飛的廣告創意被客戶否決了，而王強的廣告創意則中選了。原來，他們倆先後拿出了幾種方案，在方案一次次被「打槍」後，顧飛埋頭苦幹，努力改進，王強則積極與客戶和同事溝通，請大家幫忙獻計獻策，終於在眾人的集思廣益下，他的方案成功中選。

這件事發生後，顧飛心理特別不平衡，每次看到王強笑顏逐開的與同事開玩笑，與客戶聊天，他就感到反感。加上王強不但獲得了主管的賞識，還成功的被提拔為專案負責人，而能力遠超他的自己卻只能原地踏步走，顧飛越想越生氣，於是在和王強大吵一架後，憤而辭職。

顧飛出現一系列衝動行為的原因，就是他罹患了職場嫉妒症。職場嫉妒症是一種心理層面的敵意與競爭。一個人一旦罹患這種疾病，不僅容易與同事發生不必要的衝突，還可能讓自己的人際關係惡化，進而形成惡性循環，對自身的身心健康和事業發展產生不利影響。

那麼，職場嫉妒症產生的原因是什麼呢？從心理學的角度講，職場嫉妒症是由深層次的心理原因導致的。這其中就包括過於追求完美的個性、自戀傾向以及性格偏執。

一般來說，來自大家庭，曾與兄弟姊妹爭奪過父母的關心和愛，並在爭奪中遭遇失敗的人，內心會感覺委屈和不公平，於是成年後就會在潛意識中將童年由手足和雙親造成的這種負面情感，轉移到同事或主管身上，進而產生主管偏愛同事，自己就會受到不公平對待的偏執心理。

而過於追求完美的人，凡事總想做到最好，喜歡一切盡在自己掌控之中的感覺，一旦出現不如其意的事情，就會產生失控的焦慮感，進而導致心理失衡。

具有自戀人格傾向的人，常常是在童年備受忽視的孩子，於是在成年後便渴望獲得他人的關注、理解和讚美，總是希望他人能站在自己這邊，於是當工作中這種自戀心理未能得到滿足時，就會產生「自戀性損傷」，進而激起嫉妒和憤怒。

總之，無論是哪種深層次的心理原因引發的職場嫉妒症，均會讓人在與同事相處時發生各種問題，從而給自己或他人造成困擾。

怎樣才能讓自己遠離職場嫉妒症呢？那就是用豁達的心胸看待人和事，正確的看待事物、了解自己，讓自己的內心強大起來。

一個人最可貴的就是能正確的認識、看待自己。只有正確的認識、看待自己，才能在評價自我時，看到自己的優勢和不足，進而有自知之明，擺正自己的位置，明白自己不可能總是人生的贏家。這世上總會有強於自己的人，你所要做的就是承認自己的不完美，接受他人的成功，試著以坦然的心態，真誠的向同事說聲「恭喜」。如此一來，不但展示了自己的風度，也會在團隊中獲得認可，進而得到更大的成長空間。

職場嫉妒心理來源於人的錯誤比較。比較是一種正常的心理現象，但一旦這種比較選錯了角度，就會引發嫉妒心理。若想要避免，就要學會遇事換位思考，多替別人著想，試著站在對方的角度想一想，這份成功背後的付出，自己能否做到，進而不斷反省，超越自己。

相當多的人產生職場嫉妒心理的原因是其內心想不開。我們必須承認，人與人的天賦秉性本來就有很大差別，再加上生長環境不同，接受的教育不同，在思維方式上必然存在不同。因此，對於他人的成功，要看到更深層次的原因，持順其自然的心態。對於自己的失敗，要認知到生活不是一成不變的，凡事有成功有失敗，不要讓自己陷於失敗的困擾之中，要多和親朋好友交流，開闊視野，適時轉移注意力，讓自己投身到最喜愛的活動中去。

當然了，倘若你的職場嫉妒症並不嚴重，只是在他人成功時內心稍微感到不舒服，但很快將其轉化為促進自己進步的動力，那麼恭喜你，你的嫉妒不但無害，而且會成為你前進的力量。

著名的哲學家伯特蘭·羅素（Bertrand Russell）曾在《幸福之路》（*The Conquest of Happiness*）一書中說：「嫉妒儘管是一種罪惡，它的作用儘管可怕，但並非完全是一個惡魔。它的一部分是一種英雄式的痛苦表現；人們在黑夜裡盲目摸索，也許走向一個更好的歸宿，也許只是走向死亡和毀滅。要擺脫這種絕望，尋找康莊大道，文明人必須像他已經擴展了他的大腦一樣，擴展他的心胸。他必須學會超越自我，在超越自我的過程中，學著像宇宙萬物那樣逍遙自在。」

而心理學研究也顯示，適度的嫉妒如同適度的壓力，能激發自身潛藏的能量，有時候會變為幫助自己成長的好事。比如一個人在工作方面對成功的同事產生了適當的嫉妒心，可以激發他將工作做得更好，從而督促他達到自己的目標，完成某種任務。

03

做事有分寸，做人有底線

前兩天，親戚阿珍來家中坐客。在閒聊中，阿珍提到了自己的一個同事，讓我不由得想到了帕金森定律，進而對職場人做人做事發出了感慨。

阿珍在一家公司做財務工作，要處理公司上至老闆，下至員工的出差借款和報銷相關事宜。在她看來，一個財務人員倘若不能守住做人的底線，就是嚴重的失職。前陣子，她曾和部門的一位同事因報銷的事情發生了衝突。

公司前段時間召開了經銷商座談會。會後，行政部的小齊來找阿珍報銷，報銷金額為七千元。按公司的規定，報銷單上必須有行銷經理的簽字，但這張單子上沒有，於是阿珍要求對方找主管補簽。

沒想到對方見阿珍不給報銷，臉色一變，出口傷人，還聲稱要找人修理阿珍，讓她立刻走人。阿珍很生氣，也知道他的確在公司有關係，據傳是老闆娘的親戚。不過，阿珍還是沒理他，直到對方補簽，才給他報銷。

這件事之後，小齊見到阿珍就沒好臉色。同事勸阿珍睜隻眼閉隻眼算了，反正都是老闆自己家的事。但阿珍堅持原則，認為就算是被炒魷魚，也不能沒有簽字就報銷，不然將來一旦出現問題，自己就得背黑鍋。

結果事後不久，已經做好失業準備的阿珍不但沒被炒魷魚，反而受到了表揚。原來，小齊果然去向老闆娘告狀了，結果老闆娘的枕邊風[4]吹向老闆後，老闆將她的親戚訓了一頓，說阿珍沒錯，公司就需要這種堅持原則、堅守底線的好員工。

後來，阿珍成了公司的財務主管。據她說，那位同事因為被查出私下收受回扣，已經被老闆開除了。

說實話，身為阿珍的親戚，我知道她不是一個特別圓滑世故的人，也不是能力特別強的人。但我相信，她的老闆之所以放心的提拔她，就是因為「信任」兩字。而小齊最後弄得灰頭土臉的離場，就是因為做事失了分寸。所以，要想讓客戶信任、老闆放心、同事認可，最重要的就是做事要有分寸，做人要有底線。

所謂做事要有分寸，就是說在人際交往時要把握好人與人相處的尺度，懂得什麼該說，什麼不該說，凡事三思而行。這是一種睿智的表現，更是一個人有修養的表現。一個做事有分寸的人，知道分寸感是人與人友好相處的安全閥，明白關係再親密，也不能隨意窺探別人的隱私；清楚與人交往要方法得當，做人做事要看時機，不盲目行動，遇事要懂得巧妙迴避別人的私事，要懂得保持距離；時刻提醒自己，與人相處不越界，不破壞自己與朋友的舒適距離感。

一個做人有底線的人，知道每個人都有喜歡和不喜歡的事情；知道人活著，就要挺起脊梁，活出自己的尊嚴，而底線就是自己的尊嚴；清楚人打破了底線，就喪失了良心，心就難安，一輩子受良心的折磨。所以，他們不會

4 指夫妻中的一方利用親情對另一方（多為妻子對丈夫）為施加某種影響，私下說的話。

在做事時將自己的尊嚴放在一邊，為討他人歡心而低三下四；不會為了自己的私利，泯滅人性；不會為了升職加薪，昧著良心說話……。

可以說，一個人在職場裡立足的根本是核心競爭力，而做事講究分寸，做人要有底線，可以提升你的人格魅力，增加你的可信任度，進而提升你的核心競爭力。

張三和李四是一家股份制公司的股東。別看張三已經五十多歲了，但仍相當英俊帥氣，與他相比，同齡的李四就長得比較普通。這兩人都是公司的銷售精英，但兩人在行銷理念和方式上經常發生衝突。比如張三同意的事，李四常常反對；同樣，李四提出來的主張，張三一般都投反對票。而且兩人經常因意見不合而吵得面紅耳赤，責怪彼此，到最後往往不歡而散。

一天，張三陪客戶喝完酒回到公司，恰巧在走廊裡遇見了李四。李四生氣的說：「張三，你又喝醉了！每次陪客戶你都是這副德性，上輩子沒見過酒似的。」張三刻薄的反擊：「你說得沒錯，我酒喝多了，樣子難看。不過，明天我酒醒之後還是一副帥氣瀟灑樣。可是你呢，李四，你昨天很醜，今天很醜，明天同樣還是很醜！」李四因為張三的這段話氣得幾乎發瘋。

但後來，公司遇到了一項重大事務。身為股東，張三、李四都具有投票權。張三的提議相當科學，而且對公司的發展更有利，但幾個股東出於個人利益，都堅決表示反對。他們找到李四，希望他加入反對張三的陣營。結果李四直截了當的拒絕了。他給的理由是，雖然他不喜歡張三這個人，但他必須承認，在這件事上，張三的決策是正確的，他全力支持。

李四的行為突顯出了做事有分寸，做人有底線這一職場行為準則。每一個身在職場的人，倘若想獲得更好的發展，走得更遠，不妨想一想，分寸與底線在做事、做人上的重要性。

04 分享讓快樂加倍，分擔讓困難減半

我曾任職於一家民營出版社，W是我的一個年富力強[5]的同事。平時，W和同事的關係都不錯，不時會拿一些老家特產請大家品嘗。加上她相當有才氣，因此一些同事在寫圖書的宣傳語時，經常請她幫忙修改，提意見。當然了，W在為自己做的圖書寫宣傳語或文案時，也會請大家幫忙看一看，提些修改意見。

一次，W做責任編輯的一本書，在年度評選中被評為暢銷書，她感到無比自豪，於是逢人就提自己的努力與成就，同事們自然要向她表示祝賀。為此，她特地花錢請大家吃了一頓飯。但沒過多久，同事們都漸漸疏遠她。當她再請大家幫忙看宣傳語或文案時，同事們總是藉故推託。而且大家都像約

好了一樣，不再請W幫忙看宣傳語或文案。

為此，W感到相當困惑，不清楚自己到底做錯了什麼，為何大家紛紛迴避她。緊接著，她發現同事，甚至包括主管，像在故意找她的麻煩。她不明白，大家究竟怎麼了？

一次下班，恰好我們同行。W委屈的向我訴說一切。我沉默的聽她說了一路。地鐵到站前，我告訴她，她的錯誤就在於「獨享榮耀」。

沒錯，圖書大獲成功，W身為責任編輯，功不可沒，但就事論事，這本書能暢銷，也離不開其他同事的努力，比如封面設計人員、排版人員、校對人員，以及其他相關環節的參與人員。可以說，一份榮譽的獲得，離不開其他人的努力，因此榮譽理應與他人分享。

W的這件事提醒我們，人在職場，要學會與同事合作，更要學會快樂同分享，困難共分擔，如此才能無論是在順境，還是在逆境中都不會成為孤家

5形容年紀輕，精力旺盛。

寡人。

一項研究發現，職場上，情商高的人非常注意與主管、同事之間的溝通順暢。他們不但善於發現同事的優點和自己的缺點，能隨時截長補短，提升自己，而且還懂得分享。實際上，學會分享與合作，能推己及人是與人交往中的一個重要能力。當一個人將榮譽、快樂與同事分享時，一個人的快樂就變成了多份快樂；當一個人願意與同事合作分擔困難時，一個人的困難就成為多個人的困難，於是困難就不再是困難。

多年前，莫比到外地參加一場客戶服務研討會。會務組為他在當地的一家汽車旅館預訂了房間。初到這家汽車旅館，莫比發現旅館的很多硬體設施不夠齊全，影響了他的準備工作。於是，莫比找到旅館老闆，相當客氣的說明自己遇到的困難，希望對方能幫自己解決，以便能順利的完成會議的準備工作。

旅館老闆聽了莫比的話，不但沒惱怒，反而微笑表示理解。隨後，他親自找到相關人員，按莫比的要求調整了房間，比如房間的窗簾加厚，多增加兩盞照明燈等。此外，為了讓莫比集中精力為會議做準備，旅館老闆還要求服務人員為莫比增加一些相關的服務，比如臨時宵夜等。

會議召開當天的早上六點，莫比享用了旅館特地為他提供的一份鄉村風味早餐。這份早餐，以及旅館老闆和服務人員積極滿足自己的要求，給莫比留下了極為深刻的印象。後來，莫比在每一次演講中，都會提到這家旅館為自己提供的良好服務。而他的演講也為這家旅館做了宣傳，讓這間名不見經傳的小旅館的客流量不斷增加。

莫比與旅館之間的合作與分享，就如現代社會中的公司：員工與員工之間要想合作完成一個專案，必須緊密配合，團結一致，如此才能取得成功。沒有人可以孤立的活在這個世界上，一個人與同事的相互合作是個人前進的動力。一個人在合作與分享中，會感受到工作的快樂，實現自身的價值。

相反，倘若一個人只考慮自己，沒能學會分享與合作，那麼自己的成長和發展就會受阻，進而淪為職場中的孤家寡人。因此，一個人的成功離不開團隊的力量，而良好的合作與分享是推動團隊成功的催化劑。

美國加州有一種紅杉。這種紅杉樹差不多有一百公尺高，相當於一棟三十層的大樓。科學家發現，紅杉樹不像其他植物，長得越高，根扎得越深。它的根只是淺淺的浮於地表。

紅杉根的這種生長特點，一方面利於它快速且大量的吸收賴以成長的水分，從而得以茁壯的成長。另一方面，由於根扎得不深，紅杉又相當脆弱，一旦遇到大風，就會被連根拔起。而此地的紅杉能高大且屹立不倒的原因就在於，這裡的每一棵紅杉都不是單獨生長的，而是成片的生長在一起。

在大片的紅杉林中，紅杉一株接著一株的生長著，它們的根彼此緊密相連，從而將它們牢牢的「黏」在地面上，就算是當地威力無比的颶風也無法撼動它們。

紅杉的生長原理再一次提醒我們，一個人要想獲得成長，取得成功，就要學會在團隊中合作與分享。在合作與分享中學會與同事們共同完成任務，分享勝利的果實；在合作與分享中吸取經驗，從而豐富自己的知識，提升自己的能力。

05 順毛摸，和任何人都合得來

前同事安娜打電話約我一起吃飯。當年，我們一起進了一家出版社，私底下的關係很好。後來，她到另一家出版社做了部門主管，而我則專注於在家寫稿。但這並不妨礙我們互相吐槽，也不影響我們做對方的「垃圾桶」。

晚上，我到達約定的地方時，安娜早早就在那等，而且點好了菜。吃了一會兒後，我問她發生了什麼事。原來，安娜公司最近來了一位副總，主管書籍企劃。安娜身為部門主管，免不了要與這位副總打交道。但一段時間下來，安娜覺得自己不適應這位副總的管理方式，有幾次還和對方發生了衝突，她甚至產生了辭職的念頭。

我請安娜舉個例子說明一下。她就說了當天發生的一件事。那天，副總就部門呈報的選題和安娜溝通。他先是舉了大量的資料，證明這些選題中大部分的書並不具備成為暢銷書的可能性。接著，副總又拿出別家公司最近推出的一本暢銷書，要求安娜與其部門的人彼此腦力激盪，爭取最近也推出一本類似的暢銷書。當安娜向副總說明推出暢銷書是需要時間時，他反問安娜，身為一名專業出版人員，推出暢銷書不是應該做的嗎？

安娜說到這裡，一口喝掉杯中的飲料，生氣的說，她也想打造一本暢銷書，問題是這得天時、地利、人和具備。現在這人和就不具備了，瞧副總的架勢，顯然在他看來，暢銷書是隨隨便便就能做出來的。

實際上，安娜遇到的這位副總屬於專制型主管。這類型的主管喜歡一切由自己決定，而且是在做出決定後通知部屬，對於部屬的批評或表揚都不屑一顧，凡事只有他自己清楚。於是，他的這種專斷獨行，給部屬安娜造成了工作上的困擾。

每個人都希望在職場中能遇到一位自己喜歡和崇拜的主管，但是有一部分人卻不會這麼幸運，沒能遇到與自己合得來的、彼此欣賞的主管，反而遇到一個自己討厭，甚至互相討厭的主管。於是如何與自己的主管相處，就成了職場生存和發展的重要前提。

人在職場，在很多情況下都身不由己。因為我們不能輕易為了一個人而放棄一份好工作、一份可觀的收入、一個不錯的工作環境，所以要學著與不同類型的人相處，尤其是與不同類型的主管相處，而不是一旦問題來了就逃避。這可以讓我們與形形色色的人相處得更好，也可以提升自己的人際交往能力。

那麼，面對各具特點的主管，我們應該如何與其合作或溝通呢？不妨把握以下幾個原則：

第一，要了解自己的主管。你對主管的了解程度，決定著你們之間的相處狀態。那麼，要想與主管溝通良好，需要了解他哪些方面呢？

一是了解主管的行事風格。不同個性的主管，做事的風格也不同。像安娜的主管就是專斷獨行型的工作風格，此外還有的主管做事優柔寡斷、有的做事目光長遠……所以，了解自己主管的行事風格，可以讓我們找到與主管相處的方式，從而與他合作的更好，使上下級之間保持思維同步。

一般來說，**對於沉默寡言型主管，與其相處時最好多做事少說話；對於外向直率型主管，不妨直言你的想法；對於吹毛求疵型主管，與其相處時要調整好心態，盡量讓主管帶著自己完成任務**，不要期望太高，更不要追求工作的完美，那樣你只會得到失望與憤怒；**對於管理粗放型主管，你需要做的就是放開手腳[6]努力工作，但在做事前後，切記與主管及時溝通，讓他了解你工作的進程和情況**。

二是要了解主管的情緒週期。人人都有情緒，主管和我們一樣，也有血有肉、有七情六欲，了解主管的情緒週期，可以讓我們在做事時找準時機。比如，觀察主管在什麼情況下會出現情緒波動，可以讓我們清楚該在何時、何地，提出怎樣的意見，或以怎樣的方式與之溝通。

第二，注意與主管溝通時的忌諱。溝通效果在很大程度上受溝通的內容和方式的影響，因此在與主管溝通時，一定要注意以下的忌諱，以免物極必反，影響溝通效果。

一是**對於主管的批評或建議，不要直接否定**。無論主管的批評是否合理，身為部屬，唯一的回應方式就是先接受，然後再迂迴解釋。這是因為就主管而言，部屬直接駁回自己的批評相當於挑戰自己的權威，倘若不採取措施，予以制止，就會產生不良後果。於是，你一旦直接否定主管的批評，就相當於在自己和主管之間掛起了「拒絕溝通」的告示牌，不僅雙方的對話會馬上終止，還極有可能導致關係惡化。

二是注意**心平氣和，以協商的口吻進行對話**。在與主管溝通時，無論是多麼嚴重的事情，千萬不要將公司矛盾私人化。要心平氣和的與主管溝通，避免讓雙方爭論的焦點脫離理性的範疇，進而上升為賭氣、謾罵，甚至發展為對對方的侮辱。要懂得將公司的問題與私人矛盾分開，理性的看待自己與主管之間的意見衝突，就事論事，尤其要注意事後不要向同事表達自己對主管的不滿。要知道，世間沒有不透風的牆。難保你抱怨的話，某一天會傳到主管的耳朵裡，到時候只會讓你與主管之間的關係更加惡化。

第三，尊重並且理性溝通。無論是哪種類型的主管，在與其相處時，身為部屬，要**在尊重中理性的對待問題**，這是兩人相處的首要原則。一些人在

6形容一個人在做事情時不受限制。

遇到自己不欣賞，或不欣賞自己的主管時，態度極其惡劣，或是公開頂撞對方，甚至乾脆直接走人，這都不是解決問題的最好方法。聰明的職場人明白，主管能成為主管，一定有其過人之處，身為部屬要向對方學習，尊重對方，然後在管理好自己情緒的同時，找到能與主管相處得更好的方式。

第六章

工作很忙進步很慢？

01 不怕錯，但怕步步錯

L和G都是我的同學。L當年在班上以能言善辯著稱；G是我們的班長，頗具領導才華。後來，兩人因為大考失利，均出去闖蕩了。今年春節假期同學聚會，我聽說了這兩人截然不同的人生際遇。

據L說，當年他離鄉闖蕩時，全憑一腔熱血，頗有一種初生牛犢不怕虎的精神。然而到了陌生的地方，他才意識到自己實在差得太多。苦苦拚搏了幾年，他感受到必須提升自己。略有積蓄之後，他不急於改善自己的生活條件，拒絕朋友一起做生意的邀約，選擇了提升自己。

他不但參加某名校的成人教育培訓，積極為自己充電，還跟一名演講家訓練自己的口才。因為他意識到，自己的「口才」，只是隨口胡言，實在不能稱之為「才」。

就這樣，經過三年的潛心學習和提升，L蛻變了。他依舊能侃侃而談，不過所談的內容能真正打動聽者，讓聽者有所啟發和感悟。隨後，憑著自己的真才實學，他成了一名企業培訓師，還開辦了自己的培訓課程，進而創立了自己的培訓公司。

同學G比L更早選擇北漂。當年大考失利後，他懷揣夢想闖蕩北京，在北京一待就是十年。他和L一樣，也在北京努力賺錢。雖然從事的是體力勞動，但也有了一筆不小的積蓄。不過和L不同的是，他在此之後卻遵循守寡多年的母親要求，選擇回鄉娶妻生子。如今，G在親戚開辦的工廠工作，每月拿著兩、三千元的薪水，養活妻兒。

這些年來，我遇到過不少與G和L一樣的人，他們在人生的轉彎之際，由於選擇的不同，而擁有了不一樣的人生。有人慨嘆人的命，天註定，是命運不同，改變了他們；有人則稱格局不同，結局不同。無論如何品評，其實關鍵就在於他們面對選擇時的決定不同。

人的一生，無論是工作還是生活，時時刻刻都面臨著選擇。選擇或大或小，隨機發生，不可避免。它們大到決定人生事業的方向，小到決定你享用一頓什麼樣的午餐。

就生活而言，當一個人清晨從夢中醒來時，就已經開始了一天之中的選擇：選擇早起還是繼續睡懶覺？選擇今天輕鬆還是趕緊處理手中的事務？選擇整天學習還是外出遊玩一天？選擇早一點出門上班還是晚一點？……然而這些看似微小的選擇，卻帶給我們不一樣的結果：早起，讓我們得以有充裕的時間安排規畫好一天的事務；晚起，就會發現時間緊迫，不得不匆忙出門，倘若不巧遇上塞車遲到了，那麼這一天就會在緊張窘迫中度過。所以，這看似微不足道的選擇，卻足以改變我們的生活。

就事業而言，在我們進入社會前，甚至在大考時，我們就開始了一生的選擇：選擇做一份穩定的工作，過著朝九晚五的生活，還是選擇從事自己熱愛的事業，實現夢想？選擇在大學期間創業，還是畢業後走入社會再考慮？……這些不一樣的選擇，收穫的自然是不一樣的人生：穩定的工作，收穫的是生活的寧靜；驚天動地的事業，收穫的可能是波瀾壯闊的人生。大學期間創業，早早離開安逸的象牙塔，可以品味人生的甘苦，累積人生的經驗；畢業後創業，或許起步略晚，不過倘若把握好機遇，錘鍊自己，未嘗不能成就精彩的人生……。

在面對人生中的選擇時，很多時候，我們隨心所欲、率性而為。殊不知，在習以為常中，我們錯失了機會，為自己的人生埋下了危機，也留下了遺憾。所以，在人生旅途上，倘若能多一分細節，多一分考量，以慎重的態度對待人生中的關鍵環節，人生或許從此不同。

其實，人生足跡如一條或升或降的曲線，其間存在諸多轉捩點。在轉捩點的選擇，決定了一個人的人生走向。面對無數人生轉捩點，是上還是下，全看自己在轉彎之際的選擇。

有一個故事，我非常喜歡：

有一個非常努力卻無所獲的年輕人，去向一位先生求教。先生在聽過他的煩惱後，帶他來到了桃花林，讓他與自己的兩個弟子一起去挑一朵開得最美、最豔的花。

好一會兒，年輕人和兩名弟子先後從桃花林中走出。年輕人汗流浹背的捧了一大把桃花，兩個弟子卻輕鬆怡然的各持一朵桃花。

先生笑問三人是不是已經將自己最滿意的那朵桃花取來了？弟子甲說，由於自己在最初進入桃花林時就被手中的花吸引，所以從此不願意挑選其他花；弟子乙說自己是在走遍整個桃花林後，在盡頭摘得這朵花，雖說不一定是最滿意的，但他相信最滿意的那朵已存在於自己心中；年輕人則說自己在初入桃花林時就不斷尋找，結果發現每朵桃花都那麼嬌豔，於是他想將每一朵自認為嬌豔的花都摘回來，結果實在是拿不動了。先生笑說，**努力並不一定會獲得預期的結果，正確的選擇才是關鍵**。

其實，面對人生中無數個拐彎，面對面前的無數道選擇題，你的態度決定了你的選擇。就如日本電影《WOOD JOB！哪啊哪啊神去村》中的男主角平野勇氣，從最初的漫無目標，到後來因為畏懼做出選擇，而引發了一系列悲劇性的遭遇，直至最後鼓起勇氣，面對人生，做出了對他而言的正確選擇，他在收穫一份珍貴愛情的同時，也收穫了自己的人生。

倘若是你，面對人生中的轉捩點，你會選擇怎樣的人生？請相信，成功也好，失敗也罷，其實沒有好壞，只要你所走的每一步都沒浪費，縱然失敗，收穫的也是別樣的人生！

02

遇事不糾纏，事過就翻篇

人在俗世，免不了會發生大大小小的爭執、衝突，因此不免會遭到他人的評議。於是有人認了真，一定要講出結果，拚出個勝負；有人淡然相對，任爾東西南北風，我自樂活人生。這其實就是兩種對待人生的態度，前者讓自己陷入了帕金森定律的困擾之中，後者則告訴我們，要成功擺脫這一困擾，其實重要的是培養豁達的人生觀。

我所住的社區是一個老舊社區，社區的大媽們經常聚在一起談論東家長，西家短，因此經常可以聽到不少因家庭瑣事引發的「戰爭」。

丁大媽和李阿姨住在同一幢樓但不同層，都是和兒子住一起，過著三代同堂的生活。丁大媽退休後，一心幫著兒子經營小家庭，在全家人的共同努力下，家裡的日子越來越好。然而，在生活品質提升的同時，人的要求也就高了。前兩天，媳婦的父親生病了，夫妻倆不但拿出了一筆錢，而且媳婦還請了年假回去照顧父親。

從前媳婦不在家都是因為要出差，但這回不同，媳婦一去就是一個月，丁大媽不淡定了。她從開始的偶爾問起，到後來天天催著兒子趕緊要媳婦回來上班。結果沒想到，兒子告訴她，老婆正好要換工作，就順便辭職，回去照顧老人家一段時間。

這下子丁大媽生氣了，聲稱自己為這個家操碎了心，媳婦竟然自顧自的辭職回家照顧自己的父親。想到自己這些年為了這個家省吃儉用，自己掏心掏肺的對媳婦，前段時間自己身體不舒服，媳婦也沒這樣對待自己。丁大媽越想越傷心，越想越生氣，天天和社區的老人們嘮叨這件事。

不同於丁大媽，李阿姨在處理家中的事情時，則採用了另一種方法。前兩天，媳婦從泰國旅遊回來，買了一件禮物給她——一個古樸的手鐲。東西雖小，但情意深厚，李阿姨戴上之後逢人就誇媳婦孝順。

前段時間的一個週末，親家母來家裡看女兒，李阿姨拉著她到樓下晒太陽聊天。恰巧樓下鄰居談起自己的風溼病，親家母說她用了一種藥油，老寒腿[1]好了不少。鄰居連忙追問在哪買的，親家母說是女兒買的，她也不清楚。於是鄰居就拜託李阿姨問一下媳婦。

李阿姨也有風溼病，不過並不嚴重，平時多注意一些，也還好。一聽到媳婦為自己的媽媽買了效果那麼好的藥油，心裡多少還是有些不平衡，但仔細一想，親家母一個人生活，做女兒的多關心些也是正常的，所以很快就調整好心態。幾天後，媳婦下班來到李阿姨的房間，不好意思的說自己現在才知道她也有風溼病，所以也給她買了藥，要她用用看，如果效果不好，就帶她去醫院看看。

同樣是在婆媳關係上，丁大媽讓自己生活在鬱悶之中，而李阿姨則能讓自己活得心情愉悅，這其中最大的區別就在於兩人肚量的大小。

所謂生活，就是由無數的雞毛蒜皮的事構成的，面對這些小事，倘若認真計較起來，就會讓自己的生活多出許多的波折，增加許多不快樂。相反，以豁達的心態面對生活中的諸多事情，輕鬆面對得失，自然會讓自己多份快樂，少些煩惱。我看過一個故事：

一位老人養了一盆花，他對這盆花精心呵護、悉心照料。於是，這盆花越長越好：花開時節，香氣怡人；不開花時，綽綽約約[2]，令人觀之悅目。

一天，老人要外出會友，就將花託付給了兒子，叮囑他無論多忙，一定要每天回來看一看，並認真交代了澆水的次數和水量。兒子也相當認真的按父親的囑咐照顧花。

老人快回家前，兒子想幫父親打掃一下房間，於是將花端到廚房澆水之後，就開始打掃房間。結果兒子在拖地時，無意中被椅子絆倒在地，他將花盆打翻的同時，還坐在了花上。這下子，整盆花全毀了。兒子看著被自己毀了的花，想到父親平日裡對花的疼愛，內疚不已。

---

1 類風濕性關節炎。
2 形容花木的姿態柔美。

幾天後，老人回來了。兒子向他如實講起了花的遭遇，並準備接受父親的怒火。結果老人聽後，不但沒有大發脾氣，責備兒子，還連問兒子當時是否受了傷。兒子感到特別溫暖的同時，也相當意外。

老人看出了兒子的心思，笑著說：「再好也是花，哪有我兒子重要。再說，我養蘭花，可不是為了生氣的。」

當我讀到這裡時，不由得感嘆這位老人既睿智又豁達。他用簡單的一句話，道出了一種豁達的人生態度。

在生活中，並非每個人都可以抗拒自己內心的欲望，並非每個人都能以豁達的態度對待得失。因此，要培養足夠的氣度，在生活中，不過於計較個人的得失，不為一些雞毛蒜皮的事發火；在人際交往中，多些理解，多些關愛，少些鑽牛角尖。如此，才能擺正心態，收穫豁達的心境。

而豁達，可以讓我們的心境開朗、可以讓我們的事業順達、可以讓我們的人生平和、可以讓我們認識到：生命，無論長短，每個人只有一次；生活，無論悲歡，人人均要繼續；人生，無論起伏，人人均要向前。

03

不過低配人生

春節時的同學聚會是我與高中同學在畢業後的首次聚會。與老同學聊一聊歲月滄桑，頗有一種世事變遷、人生無常的感受。談話時，我不由自主的問起了小Y，這傢伙當時可是班裡的風雲人物。然而沒想到的是，我剛提到這個名字，大家都沉默了。隨後，有同學巧妙的岔開了話題。

莫名其妙之餘，我選擇了沉默。過了一會兒，有同學告訴我，小Y前兩年就去世了。我心裡除了震驚，還是震驚。要知道，他還那麼年輕！後來我才知道，小Y為什麼會這麼早就離開人世。

小Y坐在我隔壁。在班上，他是學務股長，長得帥氣。但遺憾的是，大學聯考時，小Y因為發揮失常，沒能考上理想的大學，不得不去了另外一所學校。聽說在大學裡，他因為不喜歡那所學校，也不喜歡自己的科系，於是開始遊戲人生。

他交了很多女友，最後都不了了之；學習不再努力，多次被當、補考。快畢業時，大家紛紛忙著找工作，規畫自己的人生。可他呢？在面試幾家公司無消息後，不再努力，持聽天由命的態度等待分別時刻的到來。

所幸校園徵才時，他被家鄉的一家企業聘用。大家都認為他有更好的選擇，不妨放開手腳，去大城市闖一闖。但他拒絕了，默默的去了這家小企業，做了一名技術人員。從那之後，我再也沒了他的音信。

聽同學說，小Y工作後，似乎喪失了激情，沒了人生的理想，開始得過且過，任由時間從身邊溜走。後來，他的女友因為無法忍受他的這種生活態度，感覺與他生活在一起沒希望、沒未來，選擇離他而去。這讓他更加失去了信心和希望，於是聽從家人的安排娶妻生子。

但婚後的他並不幸福，據說夫妻倆經常發生衝突，孩子在三個月時因為照顧不周夭折後，兩人便離了婚。從此，小Y終日與酒為伍，在前兩年因為酒精中毒而死。

我不知道如何描述自己聽到小Ｙ人生經歷時的感受，唯有感嘆：做好人生規畫，好過得過且過。

在現實生活中，與小Ｙ一樣的人其實並不少見。他們因為失去夢想、外界環境的變化而得過且過、虛度人生。這種人實際是給自己的人生設限，讓自己困於其中無法超越，更無法獲得突破和進展。於是，他們持著「得過且過」、「當一天和尚撞一天鐘」的心態，在自己的人生路上砌了一面很厚的牆，將自己與成功遠遠的隔開，在牆的另一側自我陶醉、浪費生命。他們並不知道，暫時的滿足僅能讓自己更落於下風，相反，奮力一搏，規畫好人生，或許會成就自己的夢想。

在久遠的古希臘，一個村子裡有兩個人，分別叫比爾和威爾遜，他們一起離開村子，出去闖天下。威爾遜走了一個月就打道回府，重新開始自己的農村生活，而比爾一直沒有回來。

多年後的某一天，一支軍隊來到了這個偏僻的小山村。村裡人從沒見過這樣的隊伍，於是都圍上去觀看，議論紛紛。結果一個村民發現，隊伍中走出一個人朝著自己微笑。那個人走近了一些，大家這才發現他正是幾年前離開村子的比爾。要知道，大家都以為他早餓死在外面了。

原來，比爾離開家後，加入了一支軍隊，因為驍勇善戰，受到了將軍的賞識，如今已是這支部隊的統帥。

比爾向鄉親們致意，並打聽自己兒時的好友威爾遜。大家找了一圈，發現威爾遜不在，說他一定在田裡幹活。於是，比爾邁步走向威爾遜家的農田，發現他在耕地。

比爾看著威爾遜，吃驚的問：「威爾遜，當時我們不是說好了一起去闖一闖嗎？這些年，你究竟做了什麼？」

原來當初兩人約定一起離開村子，出去闖天下。當時比爾因為從來不曾走出村子，還有些害怕，是威爾遜用自己聽來的外面世界的精彩故事鼓勵了他。看著威爾遜的樣子，比爾感嘆的說：「其實你只要再往前走一段路程，就到了魯爾將軍的駐地。當時他正在廣招人馬，我就是那時加入了軍隊。不過我要感謝你，如果不是你的建議，我不會有今天的成就。」

威爾遜低下頭說：「恭喜你。我後來覺得做農民也還不錯。」

在現實生活中，有很多和威爾遜一樣的人，他們在描繪藍圖時信心十足、充滿鬥志，可倘若真的做起來，一旦遇到困難，就害怕，失去了信心，進而選擇安於現狀，得過且過。而那些「比爾」們，一旦認準了目標，做好了人生的規畫，就會盡自己所能去追求、去拚搏，積極進取，從不讓自己得過且過的將就，也不會因為一時的辛苦或者挫折而停滯不前，而是堅持不懈的向前邁進。

作家黃碧雲曾說：「如果有天我們湮沒在人潮之中，庸碌一生，那是因為我們沒有努力要活得豐盛。」切記，一個人如果總是得過且過，只會一步步走下坡路，最終庸碌無為。

人生未必要名聲顯赫，也不一定要腰纏萬貫，但要有自己的理想和希望。它未必遠大，但會讓你不因環境改變而隨遇而安，不因找不到方向而惆悵徘徊，讓你靈魂豐盛且自由，享受到令自己滿意的人生。

04 不把自己太當回事

在生活中，你是否曾遇過這樣的人：他們總是認為自己特別聰明，因此看到別人做錯事或者出糗時，就會說要是他們來做，一定不會犯這樣愚蠢的錯。但實際上，那些犯了大錯誤的人，往往是自以為聰明的人；那些自認為聰明的人，往往會毀了自己的一生。陸劇《都挺好》中的蘇明哲，就是這樣的人。

劇中蘇明哲人生的前半段可謂一帆風順，大學就讀於清華大學，後在史丹佛大學（Stanford University）讀研究所。然而就是這樣一個高學歷出身，手中掌握著大量資源的人，卻因為自以為是，差點毀了自己的人生。

在對父親的照顧上，他先是自以為是的將照顧父親的責任推給弟弟、妹妹，接著又不與妻子商量，就要將父親接到美國。因而讓他與弟弟、妹妹之間矛盾不斷，與妻子之間不斷發生爭吵，最終讓自己的生活一團糟。

可以說，蘇明哲這類人的問題就出在他們的自以為是上。而這種自以為是的特點，讓他們在任何事情發生時，永遠認為責任在他人，自己總是對的，不會反省。究竟是什麼原因讓此類人如此自以為是呢？那就是他們內在過強的優越感。

所謂優越感，就是顯示蔑視或自負的性質或狀態，是一種自我意識。這是大多數人都有的一種感覺，只是程度不同。具有優越感的人，容易以高傲、固執、自我欣賞等不適當的方式表現出來。

一個人倘若有過高的優越感，就會不同程度的受到其行為、情緒的影響。心理學研究顯示，倘若一個人意識到別人行為的可笑、幼稚或愚蠢，那麼他會由自身的這種優越感而獲得自我獎賞。倘若一個人自身的優越感因為失敗遭到挫折，他就會將自己遇到的這種挫折，以某種情緒或行為、語言近乎專橫粗暴的施加給他人。

然而優越感卻如此普遍的存在於我們身上。它如同一個幽靈，在暗中駕馭著人們的情緒，在你不曾察覺時就出來影響你的人際關係。比如，你原本和一個朋友聊找工作的種種不如意，結果對方突然變臉，不願意再和你聊下去，並很快離開。你或許還在莫名其妙，但殊不知，就在剛才，它在你未察覺時冒了出來，在你幫對方分析找工作失利的原因時顯現了出來。

這正如美國百貨公司之父約翰．華納梅格（John Wanamaker）所說：「有些人不知道自己總是隨身帶著一把放大鏡，當他們希望時，就用它來看別人的不完美。」

無數事實證明，正是這種優越感，讓很多人不經意間忘了自己身上同樣存在著不完美，於是傷害了對方，做出了許多自以為聰明的事。也是這種優越感，讓我們在發現他人比自己優秀，或在看到他人的成功時，產生了嫉妒之情，進而對他人產生厭惡感。這就是為什麼我們身為旁觀者，在自以為聰明的看到他人的愚蠢時，會不由得對其指手畫腳，並暗自認同內在的自我。

一個四海為家的流浪漢，無意中走進一座寺廟，看到了坐在蓮花臺上接受眾人膜拜的菩薩，內心深感羨慕，於是忐忑的提出要和菩薩互換一下的想法。沒想到，菩薩一口答應了，但條件是他不能開口說話。這有何難？流浪漢爽快的答應後就坐上蓮花臺，開始接受膜拜、俯視眾生的生活。

最初的時候，他看著眼前來來往往的眾生，聽著他們五花八門的請求，尚能忍住，但時間一長，他有些忍不住了。

這天，一個富翁來到廟裡拜求菩薩賜給他美德時，不小心將錢包掉到了地上。富翁沒注意到，起身離開了。流浪漢想開口叫他，但想到自己對菩薩的承諾，於是忍住了。

隨後，一個窮人來請求菩薩賜給他金錢，因為家人病重，急需用錢。在磕頭時，他發現了地上的錢包，於是一面喊著「菩薩真顯靈了」，一面拿起錢包離開。流浪漢想叫住他，告訴他實情，但他又想起自己的承諾，趕緊閉上了嘴巴。

之後，又有一個漁民請求菩薩保佑他出海打魚沒風沒浪，安全返回。當他起身要走時，前面的那個富翁趕了回來，並抓住他，認定他撿了自己的錢包。漁民當然不願平白受冤，兩人因此扭打起來。

流浪漢實在無法忍受下去了，張嘴大喊一聲：「住手」，將真相告訴了他們。在這場糾紛平息後，菩薩要求流浪漢離開，並告訴他：他自認為很公道，殊不知因為他自以為的公道，窮人失去了原本可以用來為家人治病的錢，富人沒能用那筆錢修來美德，漁夫也因此沒能避開海上的風浪，葬身在海底了。而倘若他不開口，窮人的家人會獲救，富人用一點錢就能積德，漁夫則會因為被富人誤會而無法出海捕魚，從而躲過暴風雨，得以活命。聽了菩薩的話，流浪漢啞口無言的離開了寺廟。

現實生活中存在太多這種自以為聰明的流浪漢，他們自以為是的做著判斷，一廂情願的認為自己的所作所為是對他人好，殊不知往往事與願違。實際上，一切都是最好的安排。不如將生活中的每一件事，當作我們看清事實的機會，試著對他人多一些了解，多一些換位思考，不去妄加評議，學會順其自然。

很多人喜歡將資歷掛在嘴上，常常自認為自己比他人看得多、經驗豐富，於是想當然的對他人評頭論足。實際上，真正有資歷、有經驗的人，從不炫耀自己，因為他們清楚人外有人，天外有天。人生在世，要低調做事，謙虛做人，學著大智若愚，避免讓自以為是毀了自己的人生。

05 知足，內心就強大

前段時間，我的母親到我家中住了一段時間。在與母親閒話家常時，聽到最多的就是「人要惜福」。沒錯，人的確應該學會惜福。因為懂得惜福，才會珍惜自己擁有的一切，才能明白欲壑難填[3]的道理，才能以良好的心態面對自己的欲望，不與他人盲目攀比，享受生活的美好。

姜正拜訪過老同學路凱後，情緒一直很低落，經常對辦公室裡的人說：「我們上高中時，他就是一個『學渣』[4]，現在竟然過得比我好，開著豪車不說，還住在花園洋房。」

不僅如此，他還常常抱怨自己薪水低，家裡生活條件太差。工作之餘，他對同事甲說：「看看我們的辦公條件，再看看人家的辦公條件，沒法比呀。人家竟然還有一間茶水間，裡面吃的、喝的都很齊全！」下班回家，他對妻子說：「這間爛公司，不但薪水低，竟然連年終獎金也不給……。」

看到他這樣，同事甲說：「得了，你現在的收入在我們公司已經算高的了，知足吧！」妻子說：「我們家現在有房有車，每月還能存下錢，夠花了，知足吧！」

但姜正不這麼想。結果他的這種情緒就這樣滋生暗長，漸漸在他的工作和生活中流露出來。最先感覺到姜正的變化的是老闆。老闆發現，姜正最近工作不積極，還不時提醒他，是不是可以考慮一下提高公司老員工的待遇。最讓老闆不高興的是，公司每個節日都會發獎金給大家，雖然不多，但都是公司的一點心意。但姜正不提這個，還反覆強調要在會議上提出年終獎金的問題。老闆心想：我也想呀，但現在公司獲利不佳，用什麼發年終獎金？從

3形容人的欲望有如深谷，永難滿足。

4指不努力學習，考試成績也不好的學生。

此，他開始不那麼喜歡姜正了，更別提像從前一樣和姜正聊一聊家常，拉近關係了。

路凱也感覺到姜正的變化。最初的時候，兩人三不五時就見面，路凱請姜正吃飯、喝茶，兩人還一起打球、泡溫泉，似乎有聊不完的知心話。但不知不覺間，路凱發現姜正的話裡話外都透著酸溜溜的味道。比如，路凱出國玩，姜正就說：「有錢就是不一樣，想出國就出國。」親戚生病住院，路凱包紅包過去，姜正就說：「還是錢多好辦事。」時間一長，路凱也慢慢疏遠了姜正。

實際上，姜正問題的根源就在於其內心的攀比心理。這種攀比心理讓他不知足，不知道珍惜當下所擁有的。

攀比心理會讓人陷入無休止的攀比狀態，在工作和生活中處處爭強好勝，時時惦記著出人頭地，唯恐自己在某些方面落後於他人。日子長了，人就會心理失衡，對他人產生嫉妒心理，進而降低自己的幸福指數，影響身心健康。

其實人類不快樂的最大原因在於欲望得不到滿足，期望得不到實現。而差正的攀比心理，讓他的內心存在過高的欲望，所以對當下自己擁有的一切不滿足，進而讓自己生活在不快樂之中。這種不知足讓他產生了嚴重的心理不平衡感，他又讓這種不平衡感表現在工作和生活中，進而影響了正常的人際關係。

在《道德經》裡有這樣一句話：「咎莫憯於欲得，禍莫大於不知足。故知足之足，常足。」意思是說，天下最大的罪過莫過於貪得無厭，最大的禍患莫過於不知足。倘若一個人不知道滿足，不學會惜福，就永遠也不會獲得富足與滿足。

地主卡扎擁有的土地比其兄長的略少，但這也足以讓他成為當地的一個大地主。不過他總為自己的土地比哥哥少而焦慮不已，每天都祈求上帝賜予他更多的土地和金錢。

或許是他的誠心感動了上帝，於是這天，上帝果真來到了他的面前，對他說：「看到你如此渴望土地，那麼我決定賜予你土地。不過條件是，你要盡自己所能向前跑，只要在日落之前能夠再回到我面前，那麼你的雙腳所踏之土地均為你所有。」

卡扎高興極了，拔腿就跑。開始的時候，他如同一匹發了瘋的野馬，瘋狂的跑啊，跑啊，只希望跑得更遠一些，那樣他得到的土地就會更多一些。懷著這樣的念頭，他不停的跑著。眼看太陽就要下山了，他不得不往回跑。然而，他跑得太遠了，最後力氣用盡，實在跑不動了。他開始爬著走。當他好不容易爬回上帝面前時，卻因勞累過度而死亡。於是，他原來擁有的土地和現在拚盡生命得到的土地，都和他沒有任何關係了。

地主卡扎原本可以守著自己的土地，過上無憂無慮的生活，卻因為不知足而平添了煩惱，最後又死於自己的不知足。一個人不快樂並非因為其擁有的東西太少，而是因為想要的東西太多。正是這種不知足將人心緊緊的綁起來，直至越綁越緊，讓人喪失理智。

因此，人只有學會知足，才能惜福，內心才能變得強大，才能心存美好，才能在失敗時看到自己與他人的差距。並在成功時懂得感恩和回報，在幸運時保持冷靜，在不幸時獲得他人的慰藉。

美國作家亨利．大衛．梭羅（Henry David Thoreau）在《瓦爾登湖》（*Walden*）中寫過這樣一句話：「人如果被紛繁複雜的生活所迷惑，不懂得知足、惜福，便會失去生活的方向和意義，內心便會充滿焦慮。如果一個人能滿足於基本的生活所需，便可以更從容、更充實的享受人生，享受內心的輕鬆和愉悅。」這句話道出了快樂人生的真諦——知足。

不妨將雙眼從那些無足輕重的身外之物上移開，感受一下身邊的美好，以知足、惜福的心態看一看周圍的人和事，你就會發現無處不在的美好，感覺到自己的內心充滿幸福和力量，進而在做事情時，找到快樂，放寬眼界，抓住成功的機會，享受人生的美好。

第七章

孩子總是不聽話

01 兒女不是父母的附屬品

日近黃昏，我寫稿累了，發現家中冰箱裡存貨不多，於是決定去超市採買。我推著購物車，穿行在琳琅滿目的貨架間，正找尋著自己要的食材，耳邊突然傳來一道稚嫩的聲音：「媽媽，我戀愛了。」我循聲望去，竟然是一個小男孩，四、五歲的樣子。他坐在購物車裡，仰著頭，滿臉疑惑的看著那位年輕的媽媽。

我原以為這位媽媽會責罵孩子，沒想到，她竟然微笑起來，俯下身子問孩子：「哦，你和誰戀愛了？」小傢伙掃視了一下四周，我連忙假裝認真的看著食品包裝，卻豎起耳朵，想聽聽他說什麼。

「我沒跟誰戀愛，就是感覺戀愛了。」

「那你戀愛的感覺是什麼樣？」

「就是一種不舒服的感覺，但是又覺得很好。」

……

母子倆推著車越走越遠，我卻不由得笑了。真是一個可愛的孩子！真是一個懂得尊重孩子的家長！

這位家長讓我想到很多家長在面對孩子時習慣指指點點，全然忘了「尊重」兩字，從不在乎孩子的感受，將更多的關注點放在孩子的言行和自己的面子上。卻不知，只有尊重孩子的個性，才能成就孩子的人生。

安吉是我朋友的女兒，她聰明且極富個性。當然，她也讓朋友傷透了腦筋。前段時間，安吉因為私自蹺課（朋友為她報的鋼琴班），遭到了朋友的嚴厲責罵。於是這段時間，安吉和朋友之間開始了冷戰。無奈之下，朋友求助於我，希望我可以與安吉聊聊，畢竟我是安吉最喜歡的阿姨。

我找了一個藉口，請安吉幫我一個忙，然後為了表示感謝，請她吃我做的點心。聊開後，安吉告訴我，在她爸媽的眼裡，她就像不存在一樣，任何事都是他們說了算。她說，小的時候，媽媽總是強調要養成好的習慣，不允許剩飯，每次吃到最後，媽媽都會將湯倒進她的飯裡，於是現在她看到湯泡飯就反胃。

除此之外，她還非常怕聽到「媽媽怕妳冷」這幾個字。為了讓我明白，她解釋說，從小到大，媽媽每天都怕她冷。開空調，媽媽說：「冷，快把衣服穿上！」下雨了，媽媽說：「冷，多加一件衣服！」安吉無奈的笑著搖頭說：「阿姨，說實話，我現在一看到我媽拿起衣服，耳邊就是『冷，快穿上衣服！』其實我又不是無感的人，我知道冷暖。有時我不多加件衣服，是因為我喜歡那種涼涼的感覺。」最後，安吉告訴我，她知道媽媽是心疼她、愛她，但她是一個獨立的人，已經上國中了，需要尊重。

聽了安吉的話，我理解身為母親的不易，也看到了做孩子的不易。這易與不易之間的問題關鍵，就在於「尊重」兩字。家長太忽視孩子的感受，以自己的感受代替孩子的感受，剝奪了孩子的權利，從而讓他們產生了不被尊重感。

亮亮是外婆一手帶大的。前段時間外婆病重，亮亮也無心學習。月考期間，外婆去世了，亮亮考試也沒考好。辦完外婆的喪事，全家沉浸在悲傷的氣氛中。月考成績下來了，看著那八十九分，亮亮知道媽媽必定會很生氣。回到家，他小心翼翼的將考卷放在客廳的桌子上，在上面悄悄的壓上了一本書，然後回房間一邊寫作業，一邊膽怯的聽著外面的聲音。

伴隨著門的開關聲，亮亮知道媽媽回來了，接下來一定會有一場風暴。果不其然，媽媽看到分數後勃然大怒，高喊著要亮亮出來。亮亮低著頭走出來，站在媽媽旁邊。媽媽將手中的考卷摔在桌上，衝著他大聲說：「八十九分？你就不能多用點心？太不爭氣了！」隨後，媽媽又是一陣訓斥，直到亮亮哭了起來。

媽媽繼續說：「你還有臉哭。」隨後，她拿著亮亮的考卷進了臥室。亮亮追上去說：「媽媽，要簽名。」媽媽頭也不回的說：「我不簽，考得這麼差，我沒你這樣的兒子！」亮亮非常傷心，感覺自己差勁極了，連媽媽都不願意要這樣的兒子。他傷心的哭著，一邊向媽媽不停的道歉，一邊保證自己以後一定會努力考高分。

亮亮媽媽面對孩子的分數，選擇忽視孩子的感受，否定孩子的價值，不給予孩子足夠的尊重，其結果只是讓亮亮在遭受考不好的小挫折的同時，又遭受了更多的挫折，從而讓孩子在失望與傷心的同時，喪失自信心，失去自我價值感。

在現實生活中，相當多的父母忽視了對孩子的尊重，誠如作家史考特・派克（M.Scott Peck M.D.）在《少有人走的路》（*The Road Less Traveled*）中所說：「有的父母不尊重孩子獨立的人格，只把子女當作自我的延伸。子女就像他們昂貴的衣服、漂亮的首飾、修剪齊整的草坪、擦拭一新的汽車，代表著他們的社會地位和生活水準。」

其實，每個孩子從呱呱落地的那一刻起就是一個獨立的個體，每一個個體都擁有自己的權利，而不是父母的附屬品，都理應獲得父母的尊重。一個孩子只有獲得他人的尊重，才能獲得自尊，從而再去尊重他人。而自尊和尊重他人是成為一個擁有健康人格的人的必備條件。

作為一切人際交往的基礎，尊重也是良好親子關係的基礎。倘若父母不尊重孩子，就不會用平等的態度對待孩子，更不會將其看作獨立的個體。這也是為什麼很多家長在與孩子說話時，會隨意的打斷孩子的傾訴，粗暴的命令孩子「閉嘴」。殊不知，等到孩子漸漸長大，他們的自主意識會逐漸增強，這種缺乏尊重的親子關係會讓孩子更加叛逆，進而自尊低落，也不尊重他人。

當然了，要注意的是，尊重並不代表無視孩子的不良個性，而是要在尊重的基礎上，幫助孩子改正不良個性，形成良好的性格。

中國補教龍頭新東方創辦人俞敏洪的兒子特別喜歡吃冰，但因為吃得太多，牙齒都蛀光了。俞敏洪決定限制兒子吃的數量，於是規定他一天只能吃一個冰，而且必須在吃完晚飯半小時以後才能吃。當時他的兒子才四歲多，不清楚何為半小時，於是俞敏洪告訴他，時鐘裡那根長的針走到什麼地方就是半個小時。於是他的兒子每過一會兒就看一下那個鐘，在短短的半小時內看了一百多次，最終在半小時的時間到後，迫不及待的吃起冰。

第二天時，孩子看時間的次數就變成了十幾次。第三天又變成看兩、三次。到第四天時，孩子意識到半小時不是一時半會，於是乾脆先去玩了。結果等他想起來時，半小時已經過去了。

那麼，父母應該怎樣給予孩子尊重呢？借助詩人紀伯倫（Jibran Khalil Jibran）的詩句，讓我們明確尊重的原則：

你的孩子不是你的，
他們是「生命」的子女，是生命自身的渴望。
他們經你而生，但非出自於你，
他們雖然和你在一起，卻不屬於你。
你可以給他們愛，但別把你的思想也給他們，
因為他們有自己的思想。
你的房子可以供他們安身，但無法讓他們的靈魂安住，
因為他們的靈魂住在明日之屋，

那裡你去不了，哪怕是在夢中。
你可以勉強自己變得像他們，但不要想讓他們變得像你。
因為生命不會倒退，也不會駐足於昨日。
你好比一把弓，
孩子是從你身上射出的生命之箭。
弓箭手看見無窮路徑上的箭靶，
於是祂大力拉彎你這把弓，希望祂的箭能射得又快又遠。
欣然屈服在神的手中吧，
因為祂既愛那疾飛的箭，
也愛那穩定的弓。

要成就孩子健康的人格，父母就要認知到，無論多小的孩子都是一個有著獨立人格的個體，都應得到尊重。

02 和孩子一起分析問題

相當多的家長存在這樣的認知：孩子是我親生的，所以我對孩子的愛，無須多言，孩子應該可以感受到。

不過，家長們忽略了一個問題：孩子的世界與大人的世界完全不一樣，雙方對同一件事、相同情緒的感受也不一樣。因此，父母的用心良苦，孩子未必理解；父母的愛，孩子也未必全懂。

芮是我的鄰居，她有一個兒子琦琦。琦琦相當聰明，也頗讓芮無奈。自從孩子上了小學，芮每次與我聊天，話題總離不開琦琦，她不斷的感嘆孩子難教育，不知道什麼時候是個頭[1]。或許是局外人吧，在我看來，琦琦相較於同齡的孩子，已經算比較懂事的了。然而，芮卻不這麼認為。

晚飯後出門散步，我又遇到了芮帶著琦琦散步，看那樣子，說是「帶著」，不如稱之為「押著」。對琦琦而言，與其散步，不如與玩伴在社區裡瘋玩一陣子。但芮卻憂心於琦琦的體重，堅持要求她和自己一起散步。我看著琦琦彆扭的走在媽媽身邊，不時東張西望，用羨慕的眼神看著身邊打鬧著跑過的玩伴，而芮則不時嚴厲的說：「看什麼看，琦琦，走快點，回家還要寫作業、學英語呢。」琦琦小臉一沉，不得不加快腳步。

望著母子倆那不太協調的散步身影，我內心不由得產生一種悲憫之情：我悲的是芮的愛，琦琦不能明白；憫的是琦琦眼神中的渴望，芮不能理解。在現實的家庭中，如同芮和琦琦這樣的母子，又有多少呢？

1 什麼時候才能到達盡頭。

相當多的家長意識到了孩子學習的重要、習慣養成的重要，卻忽視了溝通的重要。在他們看來，孩子嘛，懂什麼，與其和他們廢話，不如嚴厲些，等他們長大就懂了。於是親子之間除了學習和生活需要，什麼也不說，孩子的心思全靠家長去猜。結果就是家長想要孩子往東，孩子卻往西，雙方想法大相徑庭，結果既違背了父母的初衷，也不符合孩子的預期。

事實上，親子之間的溝通和成人之間的溝通同樣重要。家長之所以忽視與孩子之間的溝通，就是因為沒能將孩子放在平等的位置上，忽視了他們也是人，也有自己的思想感情和獨立的人格，理應與父母處於平等地位。

美國心理學家艾瑞克・艾瑞克森（E.H.Erikson）將人格發展劃分為八個階段，並指出每一階段是個體形成何種心理特質的重要時期，個體良好的心理特質的形成與這一階段的教育密切相關，任何階段的教育失誤，均會給一個人的終身發展造成障礙。

其中，三至五歲、六至十二歲是孩子主動探究意識、信心品質形成的重要階段。倘若在這兩個重要階段忽視了對孩子探究意識的鼓勵，那麼他們就會失去信心，長大後缺乏自己開創幸福生活的主動性；相反，倘若在這兩個階段孩子的探究意識獲得了良好的鼓勵和培養，那麼他們就會在今後的獨立生活中和承擔工作任務時充滿信心。

然而，並非家長強制，孩子就能形成探究意識。強制的教育僅能讓孩子表面服從，讓家長收穫自己的意志在孩子身上體現的快感，對培養孩子的主動性和自信心無益，甚至會造成孩子的自卑心理，進而在長大後，孩子可能會缺乏獨立思考的精神。

C是一位程式設計師，工作雖然辛苦，但收入很高。他工作已七、八年了，也到了適婚的年齡，但交了幾個女友，皆無疾而終。父母很著急，尤其是他的媽媽，見到每個人的首要事情就是請人幫C介紹女朋友。鄰里之間，低頭不見抬頭見，但我極少見到C，除了因為他工作忙、常加班，最主要是因為他幾乎不出門，就算是偶爾見到，他也極少主動與大家打招呼，更不與人對視，只是笑一笑。在我看來，C就是一個內向、靦腆且略自卑的男孩。我不清楚他在公司是怎樣的狀態，但從其日常表現來看，他應該是一個服從命令的好員工。

一次，芮又因為琦琦沒能按時完成作業大發雷霆。我勸她好好和琦琦聊一聊，弄清楚孩子無法完成作業的真正原因，才好對症下藥。C的媽媽從一旁經過，說：「管孩子就得嚴些，正所謂『三天不打，上房揭瓦』[2]，當媽的得狠下心來，和小孩有什麼好談的。」她還驕傲的說：「我們家C，從小我就不寵，作業沒寫完，該打就打。這不，長大了我就不必操心了。」這一刻，我明白了為什麼C在與人相處時會有這種表現，其根源就在於他媽媽嚴厲而不溝通的家庭教育方式。

其實，如同我們成人渴望得到他人的理解，希望在遇到事情時與人溝通一樣，孩子同樣需要溝通與理解。然而就如《小王子》（*Le Petit Prince*）中寫的：「每一個大人都曾經是個孩子，只是我們忘記了。」正是因為忘記了，我們在孩子的成長過程中，多用說教取代了溝通，用強制代替了理解。殊不知，倘若父母能用平等的眼光與孩子交流，將他們當作朋友，在充分尊重其各項權利，給予其應有的自由的同時，與孩子就雙方無法達成一致的問題進行交流，而不是高高在上的下命令，甚至採用極端的方式讓孩子屈從、讓步，那些令家長頭痛的作業寫不完、不聽話等現象就會消失。

那麼親子之間如何溝通，才利於孩子良好品格的形成呢？

第一，父母要重視孩子的心理需求，盡可能用肯定、讚揚和鼓勵的方式積極評價孩子的言行，而不是粗暴的呵斥、打罵。當父母用打罵的方式與孩子溝通時，孩子是無法理解父母的，他們不是沉默反抗，就是用更激烈的方式與父母抗爭，甚至會變得叛逆，繼續其不良行為。無論是哪一種方式，均不利於孩子良好品格的培養。

第二，要明確雙方的行為準則。明確的行為準則可以讓孩子知道哪些行為是被允許的，哪些行為是不被允許的。為此，父母要與孩子共同討論，並解釋清楚允許或不允許某種行為的原因，讓孩子願意接受，並內化為自己的行為準則。

要注意的是，對於雙方已經確定的行為準則，家長不能依個人喜好或心情而隨意變動，同樣的事情無論何時均要遵循共同的行為標準，即處理同樣的事情要用相同的標準。同時，家長要求孩子做到的事情，自己不但要做到，而且要將其記在心上，自己一旦忘記，那麼久而久之，行為準則在孩子的心

2形容孩子調皮欠揍。

中就沒有效力了。

第三，溝通要貫徹到生活的每一個細節中。孩子對家長與生俱來的依戀，會讓他們在內心深處渴望家長的關注。因此，家長要注意在平時敞開自己的心扉，隨時與孩子溝通，而不是在遇到事情時再與孩子溝通，避免讓孩子認為溝通就是說教，就是自己犯錯或出了問題。不妨將溝通變為親子相處的一部分，運用動作或表情等非言語行為，增加溝通時的親近感，以促進溝通效果的提升。

第四，要學會傾聽。很多家長動不動就對孩子講道理，這一方面是源於家長的個性，另一方面也源於家長沒能將孩子放在平等的地位。因此，在溝通時，家長要將話語權還給孩子，多聽聽孩子的傾訴，給予孩子關注、尊重和時間，這樣能更加了解孩子的所思所想，進而平復孩子的情緒，找到問題的癥結，讓孩子獲得心理支持，發自內心的將父母看作可以傾吐心事的朋友。

第五，要分析而不是指責。家長要認知到，孩子正處在成長過程中，他們身上出現這樣或那樣的問題都是再正常不過的現象。因此，遇到問題時，要注意溝通的語氣，一定要和孩子一起分析問題，而不是指責孩子。只有這樣，孩子才能感覺到來自家長的是支持而不是壓力，進而主動尋找問題產生的原因。在分析過程中，家長要注意對孩子思路的引導，指導要適當，不能喧賓奪主，要將解決問題的主動權還給孩子。

當然了，溝通的方式也要因人而異，一方面要根據家長的個性、孩子的性格而定，另一方面要依當時的情境和問題的性質而定。想讓溝通成為連接家長與孩子內心世界的橋梁，家長須在把握以上原則的基礎上，讓溝通成為一種日常。

03

放下你的獨斷

多年前，我還在一家出版社工作時，公司老闆S女士那種雷厲風行的做事風格、敏捷的思維和做事的幹練程度，讓我們一群女編輯深為佩服的同時，也不由得想：老闆就是老闆。S女士不但將公司經營得風生水起，而且在家庭中更是絕對的權威。S女士有一雙兒女，我沒見過，但據說相當聰明。或許正是為了這雙兒女，後來S女士舉家移民去了加拿大。

前兩天，我和前同事在社群軟體上聊天，獲悉了S女士的近況。原來，S女士一家四口移民去加拿大後，兩個孩子理所當然的要在當地上大學。S女士和丈夫在分析了各項資料、就業形勢、社會發展現狀及趨勢後，為兒子選定了精算師的職業，為女兒選擇了會計職業，並以此確定了兩個孩子的求學之路和人生軌跡。

夫妻倆原以為明確了目標後，兩個如此優秀的孩子必定會不負所望。其間，儘管兩個孩子在讀高中時出現了一些問題，但夫妻二人聯手，總算有驚無險的將問題解決了。可讓他們沒想到的是，兩個孩子上大學後，真正的「噩夢」才開始……。

身為長子的兒子或許是因為被定位為精算師，做事的確相當仔細，總是提前做好自己的開銷預算，要求父母一次性匯到他的銀行帳戶上。S女士起初不放心，但兒子說要麼相信他，要麼跟他到大學去。無奈之下，她選擇了前者。

結果大二剛開學，就收到了學校催繳學費的通知，他們這才知道匯給兒子的學費被他挪用了。當他們質問兒子時，兒子向夫妻倆攤牌，聲稱自己堅決不做精算師，只想從事自己感興趣的工作——海洋生物研究。其實對於兒子的這個愛好，他們一直清楚，但他們覺得，做這種沒「錢途」的工作，將來怎麼過好生活呢？

原以為兒子給的打擊已經夠多了，沒想到來自女兒的打擊也是如此快。

S女士的女兒從小喜歡畫畫，尤其喜歡看漫畫、畫漫畫。可自從父母為她做好職業規畫後，她的學習變得格外繁忙起來。伴隨課業的加重，夫妻倆發現，女兒回家後話越來越少，甚至有時都不理他們。有一天，S女士無意中聽到女兒和好友的對話，才知道女兒根本不想當會計，只想當漫畫家，將頭腦中那些奇妙的故事畫成漫畫。

我不知道S女士最後如何解決兩個孩子的問題，但我多少明白了他們與兩個孩子之間的矛盾所在，那就是他們以家長的獨斷，剝奪了孩子的自主權。現在，每每看著許多孩子在家長的陪伴下上各種補習班，我就不禁想，這是孩子自己的選擇或興趣所在，還是家長的一廂情願？現在，很多父母鑒於社會環境的變化、社會競爭的壓力，早早替孩子規畫好了人生，以便讓孩子能贏在起跑線上。他們除了灌輸各種知識給孩子，還為孩子定下諸多發展計畫，督促孩子努力奮鬥。

在他們望子成龍、望女成鳳的心理作用下，孩子成為他們希望的載體、成為他們實現個人夢想的工具，絲毫沒有自主權。結果當孩子一天天長大，忍受著被強加的希望，而不是發自內心的意願的煎熬，或是在沉默中爆發，抑或是在默默承受中變得痛苦。縱然有一些孩子在父母為其規畫好的這條路上走了下去，但一路走來，是幸福還是痛苦，除了他們自己，別人並不清楚。

我特別喜歡電影《天才的禮物》（*Gifted*）。影片中天才女孩瑪麗的媽媽戴安娜就是一個被母親剝奪了自主權的數學天才。戴安娜的數學天分，讓她的母親一早就為其確定了專注於數學研究的人生之路。

在母親的獨斷專行的教育中，戴安娜沒能享受到正常孩子理應獲得的生活樂趣。有一次，她公然違背母親的命令，私自與男孩共度週末，最終被母親採取非常手段——狀告男孩誘拐少女——強行制止了。母親包辦了她的一切，甚至包括她的感情生活。在這種環境中長大的戴安娜極度壓抑，最終在完成自己的數學研究後，選擇以自殺的方式獲得了解脫。

每每看完這部電影，我都會想到那些以愛的名義剝奪孩子自主權的父母，也會想到那些儘管走著父母為其選擇的人生之路，卻找不到生活或工作的激情的孩子，他們內心深處，是不是也有著與戴安娜一樣無法言語的痛苦？

當下幾乎所有的父母都堅定的認為「孩子不教育無法成才」，我也承認教育對孩子非常重要，但從事教育工作多年的我認為，教育的本質是喚醒，是一棵樹搖動另一棵樹，是一朵雲帶動另一朵雲，而不是如狂風強行吹散雲朵，吹折小樹。倘若家長忘記了孩子是一個獨立的個體、忘記了他們有自己的興趣和愛好，以自己的意願取代孩子的意願，或許孩子在家長強勢的壓力下最終會屈服，會默默接受，但長此以往，會對孩子造成無法挽回的傷害，甚至可能出現戴安娜這樣的悲劇。這樣的做法，對孩子而言，與其說是教育，不如說是折磨。

一位機輪船船長因駕船技術一流，被稱為「船王」。他有一個獨生子，在這個孩子的身上，船長寄託了自己的全部期望。他希望孩子子承父業，也能掌握高超的駕船技術。為此，他不但讓兒子學習駕船技術，而且當兒子成年後，還買了一艘船給他，讓他獨自駕船出海。他堅信自己親手培養的孩子必定可以安全返航。然而不幸的是，他的兒子卻死於颱風。

船長很傷心，不相信學了自己全部技術的兒子，會如此輕易的在淺海區喪生。一位老漁民問他是否在手把手的教兒子技術的同時，詢問過兒子的意願？在孩子學習的過程中，是否放手讓他自己開過船？結果，得到的答案都是否定的。於是老漁民嘆口氣，告訴船長，正是由於這種為父親而學、紙上談兵的學習，讓他的兒子喪了命。

人生是由一連串的旅程構成的，這其中既有不同方式的學習，也面臨著各式各樣的選擇。身為父母，我們所看到的和經歷的並非世界的全貌、人生的全部，又怎麼能自以為是的認為，我們的選擇對孩子而言就是最好的呢？因此，聰明的家長，不妨放下你的獨斷，認清自己孩子的長處與短處，尊重孩子的喜好和選擇，將自主權還給孩子，或許孩子的選擇在你看來不盡如人意，但對孩子而言，他們已經享受到了人生的幸福與快樂。

04 播種習慣，成就一生

心理學家威廉．詹姆士（William James）說：「播下一種思想，收穫一種行為；播下一種行為，收穫一種習慣；播下一種習慣，收穫一種性格；播下一種性格，收穫一種命運。」的確，良好的習慣對於孩子的成長非常重要。

無意中與兒時的玩伴聯繫上後，我和先生利用假期前去看望她。看著朋友窗明几淨、溫馨怡人的家，我不由得感嘆她真是個理家高手。晚上休息時，朋友安排我們住在她女兒的房間。我頗為不安的擔心會影響次日孩子上學，朋友拍拍我的手，要我安心，說孩子自己會安排好一切。

果不其然，清晨六點，我就聽到睡在客廳的小女孩躡手躡腳起床的聲音。差不多十分鐘後，房門輕響了一下，隨後一切歸於沉寂。

我來到客廳，驚訝的看著收拾得如此乾淨的沙發，倘若不是知道孩子昨夜睡沙發，我絕不會想到有人在沙發上睡過。沙發的一角整齊的放著折疊好的睡衣睡褲。

朋友夫妻二人管理著一家飯店，每天都很晚才能回到家，因此起床也比較晚。我從聊天中獲悉，朋友的女兒相當獨立，無論是在學習上還是在生活中，都相當自律。因為我看到孩子房間裡的書本放得極其整齊，床上也收拾得相當整潔。

我不由得追問朋友，是如何將孩子培養得這麼獨立的？朋友笑說由於自己工作忙，不能事事替孩子做，一些事情自然得她自己做。所以，她從小就訓練孩子養成良好的生活習慣。孩子上學後，因為她不能像其他家長那樣陪孩子學習，就和孩子約定，要孩子養成良好的學習習慣——放學後先完成作業，然後再做自己喜歡的事情。

儘管朋友一再說孩子的學習成績不好，但我相信，這個孩子將來肯定不會太差，因為好習慣會陪伴她一生。

好的習慣是一種巨大的財富，是成就孩子一生的祕密武器。實際上，人生的成敗並非僅由智商或運氣決定，在很多時候，一個好的習慣可以為人帶來莫大的好處。因此，美國作家傑克．霍吉（Jack D. Hodge）說：「給予行動者動力的，同時也是阻礙空想家進步的，那都是同樣一件事物——習慣！」

亞里斯多德（Aristotle）有一句名言：「重複的行為造就了我們。因此，卓越不是一種舉動，而是一種習慣。」習慣是在長期不斷重複中養成的。而要了解如何讓孩子養成良好的習慣，首先要明白習慣養成背後的心理學原理。

習慣是指個體在特定情境下，自覺主動的從事某些活動的特殊傾向，是由以往重複的心智體驗而獲得的。因為一定的刺激情景和個體的某些動作，它在大腦皮層上形成了穩固的暫時神經聯繫——條件反射。當個體處於相同的刺激時，條件反射鏈鎖系統就會自動出現，於是個體就會自然或自動的做相同的動作。

由此可見，要養成某種習慣，需要外界因素的幫助。心理學研究顯示，在習慣養成的過程中，個體自身的渴求，和個體承受的壓力是重要的因素。

首先來看個體自身的渴求。當個體要養成一個習慣時，大腦會產生潛意識的渴求，且讓習慣迴路運轉起來。比如，要讓孩子養成早起的習慣，這就代表著孩子在每天清晨的某一時間（早於此前的起床時間）起床，就可以獲得某項獎勵，比如白天可以玩一會兒遊戲等。於是，孩子一想到自己達成了某項目標，就可以獲得渴望的獎勵，就會產生動力。最終，孩子會在這種渴望的驅使下自覺早起。

再來說壓力如何促成習慣養成。美國加州大學洛杉磯分校和杜克大學（Duke University）的研究者透過實驗發現，壓力會使人們更加依賴慣性行為。這說明，無論好壞，壓力都會促進習慣性行為。比如孩子每天放學後寫作業這件事，如果不寫，孩子清楚會受到老師或家長的處罰，因此大多數孩子會自覺的完成作業。於是每天放學後寫作業這一習慣很容易就養成了。

明確了習慣養成的因素，也清楚了可以借助於渴望和壓力幫助孩子養成習慣。那麼，孩子從小養成什麼習慣最為重要呢？

一是禮貌的習慣。無論是幼時還是成年，有禮貌的人相對更受人歡迎。這樣的孩子成年後會在交流溝通時讓人看到自己的修養，進而提升他人的好感度，增加其個性魅力。

二是獨立有主見的習慣。孩子終會走上社會，獨自面對工作和生活中的一切，而學會獨立思考可以讓他們更能適應社會，更有自信面對生活。

三是運動和讀書的習慣。無論從事何種工作，健康的身體於人而言都是相當重要的。培養孩子的運動習慣可以強健孩子的體魄，錘鍊孩子的意志，培養孩子的規則意識、互相協作能力、良性競爭的品格等。

一個人如果僅有強健的體魄，只是一個蠻夫，而要提升其他方面的能力就要不斷的學習。閱讀可提升人的修養，開拓人的視野。正所謂「讀萬卷書，行萬里路」，這恰恰說明了閱讀的重要性。我們不可能帶孩子走遍天下的路，但孩子可以藉由閱讀了解不同的人和事，認識大千世界，了解人生百態。

培養孩子養成良好的習慣是一個重複的過程，也是對孩子和家長毅力的考驗，更是對家長智慧的考驗。因此，家長在培養孩子良好習慣的過程中，要給孩子時間，學會科學引導，靜待花開，及時鼓勵，適當的施肥澆水。

國家圖書館出版品預行編目（CIP）資料

組織的帕金森定律：洞悉公司裡的集體無能、推諉、拖延……現象，你該如何對抗與運用／徐志晶著 . -- 初版 . -- 臺北市：大是文化有限公司，2024.06
256 面；14.8 × 21 公分 . --（Biz；459）
ISBN 978-626-7448-21-2（平裝）

1. CST：組織心理學　2. CST：職場成功法

494.35　　113003233

Biz 459

組織的帕金森定律

洞悉公司裡的集體無能、推諉、拖延……現象，你該如何對抗與運用

作　　者／徐志晶
校對編輯／楊　皓
副 主 編／蕭麗娟
副總編輯／顏惠君
總 編 輯／吳依瑋
發 行 人／徐仲秋
會計助理／李秀娟
會　　計／許鳳雪
版權主任／劉宗德
版權經理／郝麗珍
行銷企劃／徐千晴
業務助理／連　玉
業務專員／馬絮盈、留婉茹
行銷、業務與網路書店總監／林裕安
總 經 理／陳絜吾

出 版 者／大是文化有限公司
臺北市 100 衡陽路 7 號 8 樓
編輯部電話：（02）2375-7911
購書相關資訊請洽：（02）2375-7911 分機122
24小時讀者服務傳真：（02）2375-6999
讀者服務E-mail：dscsms28@gmail.com
郵政劃撥帳號：19983366　戶名：大是文化有限公司

法律顧問／永然聯合法律事務所
香港發行／豐達出版發行有限公司 Rich Publishing & Distribution Ltd
地址：香港柴灣永泰道 70 號柴灣工業城第 2 期1805 室
Unit 1805,Ph .2,Chai Wan Ind City,70 Wing Tai Rd,Chai Wan,Hong Kong
Tel：2172-6513　Fax：2172-4355
E-mail：cary@subseasy.com.hk

封面設計／初雨有限公司
內頁排版／陳相蓉
印　　刷／韋懋實業有限公司
出版日期／2024 年 6 月初版
定　　價／新臺幣 399 元（缺頁或裝訂錯誤的書，請寄回更換）
ISBN／978-626-7448-21-2（平裝）
電子書ISBN／9786267448205（PDF）
9786267448199（EPUB）
有著作權，侵害必究 Printed in Taiwan

原著：帕金森定律 © 2019 徐志晶 著
由北京文通天下圖書有限公司通過北京同舟人和文化發展有限公司（E-mail：tzcopypright@163.com）授權給大是文化有限公司發行中文繁體字版本，該出版權受法律保護，非經書面同意，不得以任何形式任意重製、轉載。